# Go语言趣学指南

[加] 内森 · 扬曼（Nathan Youngman）
[英] 罗杰 · 佩珀（Roger Peppé） 著
黄健宏 译

人 民 邮 电 出 版 社
北 京

**图书在版编目（CIP）数据**

Go语言趣学指南 / （加）内森·扬曼，（英）罗杰·佩珀著 ; 黄健宏译. -- 北京 : 人民邮电出版社，2020.4（2024.1重印）
书名原文：Get Programming with Go
ISBN 978-7-115-53142-1

Ⅰ. ①G… Ⅱ. ①内… ②罗… ③黄… Ⅲ. ①程序语言—程序设计 Ⅳ. ①TP312

中国版本图书馆CIP数据核字(2020)第000167号

## 版权声明



◆ 著　　[加] 内森·扬曼（Nathan Youngman）
　　　　[英] 罗杰·佩珀（Roger Peppé）
　译　　黄健宏
　责任编辑　杨海玲
　责任印制　王　郁　焦志炜

◆ 人民邮电出版社出版发行　北京市丰台区成寿寺路 11 号
　邮编　100164　电子邮件　315@ptpress.com.cn
　网址　http://www.ptpress.com.cn
　北京建宏印刷有限公司印刷

◆ 开本：800×1000　1/16
　印张：18.5　　2020 年 4 月第 1 版
　字数：379 千字　　2024 年 1 月北京第 10 次印刷

著作权合同登记号　图字：01-2018-7762 号

定价：69.00 元

**读者服务热线：(010)81055410　印装质量热线：(010)81055316**
**反盗版热线：(010)81055315**
**广告经营许可证：京东市监广登字 20170147 号**

# 内容提要

本书是一本面向 Go 语言初学者的书，循序渐进地介绍了使用 Go 语言所必需的知识，展示了非常多生动有趣的例子，并通过提供大量练习来加深读者对书中所述内容的理解。本书共分 8 个单元，分别介绍变量、常量、分支和循环等基础语句，整数、浮点数和字符串等常用类型，类型、函数和方法，数组、切片和映射，结构和接口，指针、nil 和错误处理方法，并发和状态保护，并且每个单元都包含相应的章节和单元测试。

本书适合对初学 Go 语言有不同需求的程序员阅读。无论是刚开始学习 Go 语言的新手，还是想要回顾 Go 语言基础知识的 Go 语言使用者，只要是想用 Go 做开发，无论是开发小型脚本还是大型程序，本书都会非常有帮助。

# 译　者　序

跟本书的相遇，纯属偶然。

2018 年 6 月下旬的一个晚上，我从外面散步后回家，坐在阳台上享受着初夏的微风，其间百无聊赖地拿起手机刷起了朋友圈，发现杨海玲编辑正在为本书招募译者。

我非常喜欢 Go 语言，并且一直对这门语言保持关注。尽管之前已经翻译过《Go Web 编程》一书，但我还是常常期待有机会可以再次翻译 Go 语言方面的书。因此，当我看到出版社正在为本书寻找译者的消息时，我马上有预感，觉得自己的愿望就要实现了。

果不其然，当我在 Manning 出版社的网站上快速地浏览了本书的相关信息并且试读了公开的章节之后，我强烈地感受到这是一本非常有趣的 Go 语言的书，并且我深信，本书凭借优质的内容，将在未来的 Go 语言入门读物中占有一席之地。

简单来说，如果我想要再次翻译一本 Go 语言的书，毫无疑问就应该是这一本！在打定主意之后，我就向杨海玲编辑表达了想要翻译本书的意向，并在之后顺利地成为了本书的译者。

Go 作为一门广受关注的热门语言，在市场上从来不缺少相关的书，特别是面向初学者的书。然而，跟市面上很多声称是入门书却只会一股脑儿地将各种语言细节硬塞给读者的“伪入门书”不一样，本书是一本真正面向初学者的书。整本书的学习曲线非常平缓，不会像过山车那样忽高忽低。书中的内容首先从变量、循环、分支、类型等基础知识开始，逐渐进阶至函数、方法、收集器和结构，最后再深入到指针、错误处理和并发等高级特性。只要翻开本书一页页读下去，你就会循序渐进地学到越来越多 Go 语言的知识，并且逐步掌握 Go 语言的众多特性。

除上面提到的优点之外，本书还是一本非常有趣的书。作者在书中列举了大量跟天文以及航天有关的例子，读者不仅要计算从地球乘坐宇宙飞船航行至火星所需的天数，还要在火星上放置探测器以便查找生命存在的痕迹，甚至还要想办法改造火星，使它能够适宜人类居住。值得一提的是，书中很多地方都带有可爱的地鼠（gopher）插图，它们就像旅行途中优美的景色一样，将为我们的学习旅途增添大量的乐趣。

总而言之，这是一本既有趣又实用的 Go 语言入门书。如果你只想读一本关于 Go 语言的入门书，那么我强烈推荐你读这一本。

回想当初，自己在通过阅读图书学习编程的时候，总是希望能够成为译者，拥有属于自己的翻译作品。然而，在实际成为译者之后才明白，原来翻译并不是一件简单的事情，它考验的不仅仅是译者的语言能力、文字能力和技术能力，还要求译者有足够的耐心和锲而不舍的精神。

具体到本书，在遣词造句方面虽然没有太多难懂的地方，但是在内容中使用了大量有趣的例子，如搭乘太空飞船前往火星、计算人类在火星上的体重和年龄、调查火箭发射事故、在火星上放置探测器、组建地鼠工厂等。如何在译文中准确无误地表达原文的意思并且保持原文的趣味性就成了本次翻译要面对的一大挑战。换句话说，译文不仅要保持原文的“形”，还要兼顾原文的“神”，只有做到“形神兼备”才行。为此，我在这方面用了足够多的时间也花了足够多的功夫，我有信心，大家在阅读本书的时候能够感受到跟原著一样的趣味性。

除书中有趣的例子之外，本书翻译的另一个难点在于例子中涉及的大量外部知识，特别是跟天文、航天有关的知识，如地球和火星之间的距离、用光速到达火星所需的时间、火星上各个着陆点的名字，等等。为了能够正确地翻译这些知识，我通常会先在维基百科网站上查找并且验证相关的信息，然后再进行翻译。曾经有一段时间，我的浏览器上面打开的都是与天文、航天相关的维基页面，甚至让我产生了一种自己在 NASA 上班的错觉（笑）。

花了不少时间，本书终于翻译完成。今后如果有机会的话，我大概还会继续进行翻译工作。希望在不远的将来，当读者在译者一栏看到“黄健宏”这个名字的时候，能够像看到食品包装上粘贴的“安全许可”标识一样安心：读者不必担心书的翻译质量，而只需要尽情地享受阅读带来的快乐。当然，要达成这个目标并不容易，但我会在接下来的工作中继续努力，希望大家可以一如既往地支持我。

最后，我要感谢人民邮电出版社和杨海玲编辑又一次把一本有趣的 Go 语言的书交给我翻译，我也要感谢我的家人和朋友，他们的关怀和帮助让我顺利完成本书的翻译。

黄健宏

2019 年 10 月于清远

# 前　　言

一切都在变化，没有东西是亘古不变的。

——赫拉克利特（Heraclitus）

2005 年在欧洲旅行期间，Nathan 听说了一些关于新 Web 框架 Ruby On Rails 的传闻。于是他在赶回加拿大艾伯塔省庆祝圣诞节期间，在市中心的计算机书店购入了一本 *Agile Web Development with Rails*（Pragmatic Bookshelf，2005），并在接下来的两年里将自己的事业从 ColdFusion 转向了 Ruby。

在英国的约克大学，Roger 被引荐给了经过彻底精简之后的贝尔实验室，并在那里跟包括 Go 语言的创造者 Rob Pike、Ken Thompson 在内的成员一起研究 UNIX 以及由同一批人发明的 Plan 9 操作系统。Roger 对此产生了极大的兴趣，并在之后开始进行 Inferno 系统的相关工作，该系统使用了自有的 Limbo 语言，它是与 Go 关系密切的一个原型。

当 Go 在 2009 年 11 月作为开源项目对外发布的时候，Roger 立即发现了它的潜力，他开始使用 Go 并为 Go 的标准库和生态系统做贡献。Roger 至今仍然对 Go 的成功感到高兴，除全职使用 Go 进行编程之外，他还运营着一个本地的 Go 聚会。

Nathan 虽然观看了 Rob Pike 发布 Go 的技术演讲，但他在 2011 年之前都没有认真地审视过这门语言。直到一位同事高度评价了 Go 之后，Nathan 才在圣诞节假期通读了 *The Go Programming Language Phrasebook*（Addison-Wesley Professional，2012）的毛边版本。在之后的数年里，Nathan 从使用 Go 编写业余项目并撰写 Go 相关的博客开始，逐渐转向组织本地的 Go 聚会并在工作中使用 Go。

因为工具和技术都在持续地变化和改进，所以对计算机科学的学习总是永无止境的。无论你已经拥有计算机科学学位还是刚开始接触这一行，自学新技能都是非常重要的。我们衷心希望本书可以在你学习 Go 编程语言的过程中予以帮助。

# 致　　谢

能够为您撰写本书并帮助您学习 Go 是一种莫大的荣幸，非常感谢您的阅读！

除封面上的两位作者之外，本书还包含了许多人的贡献。

首先也是最重要的，我们要感谢本书的编辑 Jennifer Stout 和 Marina Michaels 提供有价值的反馈信息，并且持续地、循序渐进地推动我们向目标进发。我们要感谢 Joel Kotarski 和 Matt Merkes 提供准确的技术编辑，感谢 Christopher Haupt 提供技术校对，并感谢文字编辑 Corbin Collins 改善了我们写作的语法和风格。此外，我们还要感谢 Bert Bates 和系列编辑 Dan Maharry、Elesha Hyde，他们的对话和指导对本书的形成提供了帮助。

Olga Shalakhina 和 Erick Zelaya 为本书提供了精彩绝伦的插图，Monica Kamsvaag 为本书设计了封面，April Milne 负责为本书美化和修饰图表，而 Renée French 则为 Go 创造了人见人爱的吉祥物，我们要对他们表示感谢。特别鸣谢 Dan Allen，他创建了本书创作时使用的工具 AsciiDoctor，并为我们提供了持续的支持。

感谢 Marjan Bace、Matko Hrvatin、Mehmed Pasic、Rebecca Rinehart、Nicole Butterfield、Candace Gillhoolley、Ana Romac、Janet Vail、David Novak、Dottie Marsico、Melody Dolab、Elizabeth Martin 以及 Manning 出版社为本书付出的其他工作人员，是他们让本书变成了现实，使你能够亲手读到这本书。

感谢 Aleksandar Dragosavljević 将本书送达至一众审稿人，感谢包括 Brendan Ward、Charles Kevin、Doug Sparling、Esther Tsai、Gianluigi Spagnuolo、Jeff Smith、John Guthrie、Luca Campobasso、Luis Gutierrez、Mario Carrion、Mikaël Dautrey、Nat Luengnaruemitchai、Nathan Farr、Nicholas Boers、Nicholas Land、Nitin Gode、Orlando Sánchez、Philippe Charrière、Rob Weber、Robin Percy、Steven Parr、Stuart Woodward、Tom Goodheard、Ulises Flynn 和 William E. Wheeler 在内的所有审稿人，他们都提供了有价值的反馈信息。我们还要感谢那些通过论坛提供反馈的早期阅读者。

最后，我们还要对 Michael Stephens 表示感谢，是他提出了撰写一本书的疯狂想法，也感谢 Go 社区创造了我们乐于为其写书的语言及生态系统。

## 内森·扬曼（Nathan Youngman）

理所当然地，我要感谢我的父母，是他们生育并抚养了我。我的父母从我小时候开始就鼓励我钻研计算机编程，并为我提供了相应的书本、课程以及接触计算机的机会。

除出现在封面上的官方评论之外，我还要感谢 Matthias Stone 为本书的早期草稿提供反馈，还有 Terry Youngman 帮助我进行头脑风暴以获得更多想法。我要感谢埃德蒙顿 Go 社区为我加油打气，还有我的雇主 Mark Madsen 给我提供便利，让我得以将写书工作付诸实践。

我要向我的合著者 Roger Peppé 致以最诚挚的感谢，他通过撰写第 7 单元而缩短了原本漫长的写作道路，并为本项目注入了强劲的能量。

## 罗杰·佩珀（Roger Peppé）

我得向我的妻子 Carmen 致以最诚挚的感谢，创作本书占用了我们本该在山间漫步的时间，而她却对此毫无怨言，并且始终如一地支持着我。

非常感谢 Nathan Youngman 和 Manning 出版社对我的信任，是他们让我成为本书的合著者，并且在创作本书的最后阶段仍然对我保持耐心。

# 关于本书

## 目标读者

Go 适合各种技术水平的程序员，这对任何大型项目来说都是至关重要的。作为一种相对较为小型的语言，Go 的语法极少，需要掌握的概念也不多，因此它非常适合用作初学者的入门语言。

遗憾的是，很多学习 Go 语言的资源都假设读者拥有 C 语言的工作经验，而本书的目的则在于弥补这一缺陷，为脚本使用者、业余爱好者和初学者提供一条学习 Go 语言的康庄大道。为了让起步的过程变得更容易一些，本书的所有代码清单和练习都可以在 Go Playground 里面执行，你在阅读本书的时候甚至不需要安装任何东西。

如果你曾经使用过诸如 JavaScript、Lua、PHP、Perl、Python 或者 Ruby 这样的脚本语言，那么你已经做好了学习 Go 的万全准备。如果你曾经使用过 Scratch 或者 Excel 的公式，或者编写过 HTML，那么你毫无疑问可以像 Audrey Lim 在她的演讲“A Beginner's Mind”（初学者之心）中所说的一样，选择 Go 作为你的第一门“真正”的编程语言。虽然掌握 Go 语言并不是一件容易的事情，需要相应的耐心和努力，但我们希望本书在这个过程中能够助你一臂之力。

## 组织方式和路线图

本书将以循序渐进的方式讲解高效使用 Go 语言所必需的概念，并提供大量练习来磨砺你的技能。这是一本初学者指南，需要从头到尾地进行阅读，并且每一章都建立在前面各章的基础之上。本书虽然没有完整地描述 Go 的所有语言特性，但是涵盖了其中的绝大部分特性，并且提及面向对象设计和并发等高级主题。

无论你是打算使用 Go 编写大型的并发 Web 服务，还是只想用 Go 编写小型脚本和简单的工具，本书都会帮助你打下坚实的基础。

- 第 1 单元将组合使用变量、循环和分支构建小型应用程序，其中包括问候程序和火箭发射器。
- 第 2 单元将探索文本和数字类型。学习如何使用 ROT 13 算法解码加密消息，调查阿丽亚娜 5 号火箭解体的原因，并使用大整数计算光到达仙女座星系所需的时间。
- 第 3 单元将使用函数和方法模拟构建一个火星气象站，并使用温度转换程序处理传感器读数。
- 第 4 单元将在展示数组和映射用法的同时将太阳系地球化，统计温度出现的次数并模拟康威生命游戏。
- 第 5 单元将引入一系列面向对象语言概念，并说明这些概念在 Go 这种独树一帜的非面向对象语言中是如何实现的。本单元使用了结构和方法以便在火星表面自由穿梭，接着通过满足接口来改善输出，并在最后通过将一个结构嵌入至另一个结构来创建更大的结构。
- 第 6 单元将深挖本质，研究如何使用指针实现修改，想办法战胜说 nil 的骑士并学习如何冷静地处理错误。
- 第 7 单元引入了 Go 的并发原语，并在组建地鼠工厂装配线的时候，想办法让数以千计正在运行的任务能够互相通信。

本书提供了练习的参考答案（读者可在异步社区的网站上下载），但提出你自己的解答毫无疑问可以让编程变得更加有趣！

## 示例代码

为了区分代码和普通文本，所有代码都将使用 `fixed-width` 这样的等宽字体进行表示，并且很多代码清单都会使用注释以突出重要的概念。

读者可以从出版社的网站下载所有代码清单的源代码，里面还包含了本书所有练习的参考答案。你也可以通过 GitHub 页面来在线阅览这些源代码。

尽管你可以从 GitHub 上面直接复制并粘贴代码，但我们还是建议你亲手键入书中的示例代码。通过亲手键入代码并修复其中的录入错误，然后试验这些代码，你将能够从书中获得更多经验。

## 书本论坛

Manning 出版社运营着一个私有的网络论坛，而购买本书的读者就获得了自由访问该论坛的权利。读者可以在论坛上发表关于本书的评论和技术问题、分享自己的练习答案，或者向论坛上的作者和其他用户求助。

Manning 出版社承诺为读者提供一个场所，让每位读者都可以与其他读者以及作者进行有意义的对话。但 Manning 出版社并不保证作者参与讨论的程度，他们对于论坛的一切贡献都是无偿并且自愿的。建议读者尝试向作者提出一些有挑战性的问题以便引起他们的兴趣。Manning 出版社保证这个论坛以及过往讨论的存档将在本书在售期间一直在 Manning 出版社网站上可得。

# 关于作者

内森·扬曼（Nathan Youngman）既是一位自学成才的网络开发者，也是一位终生学习概念的践行者。他是加拿大埃德蒙顿市 Go 聚会（meetup）的组织者，Canada Learning Code 的辅导教师以及狂热的地鼠玩偶摄影爱好者。

罗杰·佩珀（Roger Peppé）是一位 Go 贡献者，他维护着一系列开源 Go 项目，运营着英国纽卡斯尔市的 Go 聚会，并且当前正在负责 Go 云端基础设施软件的相关工作。

# 资源与支持

本书由异步社区出品，社区（https://www.epubit.com/）为您提供相关资源和后续服务。

## 配套资源

本书提供源代码及习题答案的下载，要获得以上配套资源，请在异步社区本书页面中点击 配套资源 ，跳转到下载界面，按提示进行操作即可。注意：为保证购书读者的权益，该操作会给出相关提示，要求输入提取码进行验证。

## 提交勘误

作者和编辑尽最大努力来确保书中内容的准确性，但难免会存在疏漏。欢迎您将发现的问题反馈给我们，帮助我们提升图书的质量。

当您发现错误时，请登录异步社区，按书名搜索，进入本书页面，点击“提交勘误”，输入勘误信息，单击“提交”按钮即可。本书的作者和编辑会对您提交的勘误进行审核，确认并接受后，您将获赠异步社区的 100 积分。积分可用于在异步社区兑换优惠券、样书或奖品。

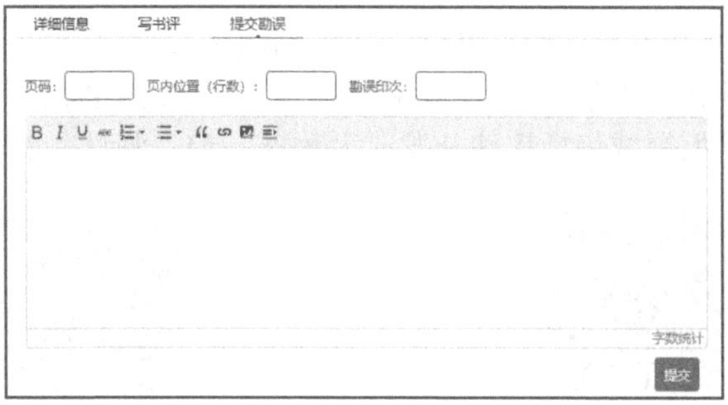

## 扫码关注本书

扫描下方二维码，您将会在异步社区微信服务号中看到本书信息及相关的服务提示。

## 与我们联系

我们的联系邮箱是 contact@epubit.com.cn。

如果您对本书有任何疑问或建议，请您发邮件给我们，并请在邮件标题中注明本书书名，以便我们更高效地做出反馈。

如果您有兴趣出版图书、录制教学视频，或者参与图书翻译、技术审校等工作，可以发邮件给我们；有意出版图书的作者也可以到异步社区在线投稿（直接访问 www.epubit.com/selfpublish/submission 即可）。

如果您来自学校、培训机构或企业，想批量购买本书或异步社区出版的其他图书，也可以发邮件给我们。

如果您在网上发现有针对异步社区出品图书的各种形式的盗版行为，包括对图书全部或部分内容的非授权传播，请您将怀疑有侵权行为的链接发邮件给我们。您的这一举动是对作者权益的保护，也是我们持续为您提供有价值的内容的动力之源。

## 关于异步社区和异步图书

**“异步社区”**是人民邮电出版社旗下 IT 专业图书社区，致力于出版精品 IT 技术图书和相关学习产品，为作译者提供优质出版服务。异步社区创办于 2015 年 8 月，提供大量精品 IT 技术图书和电子书，以及高品质技术文章和视频课程。更多详情请访问异步社区官网 https://www.epubit.com。

**“异步图书”**是由异步社区编辑团队策划出版的精品 IT 专业图书的品牌，依托于人民邮电出版社的计算机图书出版积累和专业编辑团队，相关图书在封面上印有异步图书的 LOGO。异步图书的出版领域包括软件开发、大数据、AI、测试、前端、网络技术等。

异步社区

微信服务号

# 目　　录

# 第 0 单元　入门

根据传统，学习新编程语言的首要步骤，就是准备好相应的工具和环境，以便运行简单的“Hello World”应用程序。但是通过 Go Playground，我们只需要点击一下鼠标就可以完成这个古老而烦琐的习俗。

在将配置环境这只拦路虎轻而易举地解决掉之后，我们就可以开始学习一些语法和概念，并使用它们来编写和修改简单的程序了。

LESSON 1

# 第1章　各就各位，预备，Go!

**本章学习目标**

- 了解 Go 与众不同的地方
- 了解如何访问 Go Playground
- 学会将文本打印到屏幕上
- 对包含任意自然语言的文本进行实验

Go 是一门为云计算而生的编程语言。包括亚马逊（Amazon）、苹果（Apple）、科能软件（Canonical）、雪佛龙（Chevron）、迪士尼（Disney）、脸书（Facebook）、通用电气（GE）、谷歌（Google）、Heroku、微软（Microsoft）、Twitch、威瑞森无线（Verizon）和沃尔玛（Walmart）在内的公司都使用了 Go 来开发重要的项目，并且由于诸如 CloudFlare、Cockroach Labs、DigitalOcean、Docker、InfluxData、Iron.io、Let's Encrypt、Light Code Labs、Red Hat CoreOS、SendGrid 这样的公司以及云原生计算基金会（Cloud Native Computing Foundation）等组织的推动，许多 Web 底层基础设施正在陆续迁移至 Go 之上。

尽管 Go 正在数据中心大放异彩，但它的应用场景并不仅限于工作区域。例如，Ron Evans 和 Adrian Zankich 就创建了用于控制机器人和硬件的 Gobot 库，而 Alan Shreve 则创建了以学习 Go 为目的的开发工具 ngrok 项目，并将该项目转变成自己的全职事业。

为了向图 1-1 所示的那只无忧无虑的 Go 吉祥物表示敬意，社区中的 Go 拥护者通常会把自己称为 gopher（地鼠、囊地鼠）。虽然编程路上充满着各式各样的挑战，但通过使用 Go

并阅读本书，我们希望你能够从中发现编程的乐趣。

图 1-1　Renée French 设计的 Go 地鼠吉祥物

本章将展示一个运行在 Web 浏览器中的 Go 程序，并基于该程序进行一些实验。

**请考虑这一点**

像英语这样的自然语言充斥着各式各样模棱两可的话。例如，当你向数字助理说出“Call me a cab”的时候，它是应该帮你致电出租车公司，还是应该假设你想要把自己的名字改成“a cab”？

清晰度对于编程语言永远都是最重要的。假如编程语言的语法或者句法允许歧义存在，那么计算机也许就无法完成人们指定的行为，这样一来编程工作将变得毫无意义。

Go 并不是一门完美的语言，但它在清晰度方面所做的努力远超我们之前用过的所有语言。在学习本章内容的时候，你将会看到一些名词缩写以及行业术语。虽然一开始你可能会对某些内容感到陌生，但我们希望你可以多花些时间，字斟句酌，仔细体会 Go 是如何减少语言中的歧义的。

## 1.1　什么是 Go

Go 是一门编译语言。在运行程序之前，Go 首先需要使用编译器将用户编写的代码转换为计算机能够理解的 0 和 1。为了便于执行和分发，Go 编译器还会把所有代码整合并编译成一个单独的可执行文件。在编译的过程中，Go 编译器能够捕捉到程序中包括拼写错误在内的一些人为失误。

并非所有编程语言都需要编译才能运行，如 Python、Ruby 和其他一些流行语言就选择了在程序运行的时候，通过解释器一条接一条地转化代码中的声明，但这也意味着 bug 可能会隐藏在测试尚未触及的代码当中。

不过换个角度来看，解释器不仅能够让开发过程变得迅速且具有交互性，还能够让语言本身变得灵活、轻松和令人愉快。相反，编译语言却常常因为像机器人一样顽固不化、墨守成规而广为人知，并且缓慢的编译速度也常常为人所诟病，然而实际上并非所有编译语言都是如此。

> 我们想要构造出这样一种语言，它不仅可以像 C++和 Java 这类静态编译语言一样安全、高效，还可以像 Python 这类动态类型解释语言一样轻巧且充满乐趣。
>
> ——Rob Pike，*Geek of the Week*

Go 在考虑软件开发的体验方面可谓煞费苦心。首先，即使是大型程序的编译也可以在极短的时间内完成，并且只需要用到一条命令。其次，Go 语言排除了那些可能会导致歧义的特性，鼓励可预测和简明易懂的代码。最后，Go 为 Java 等传统语言死板的数据结构提供了轻量级的替代品。

> Java 避免了 C++当中许多不常见、难懂和令人迷惑的特性，根据我们的经验，这些特性带来的麻烦要比好处多得多。
>
> ——James Gosling，*Java: an Overview*

每一种新的编程语言都会对以往想法进行改良。与早期语言相比，在 Go 里面高效地使用内存将变得更为容易，出错的可能性也更低，并且 Go 还能利用多核机器上的每个核心获得额外的性能优势。很多成功案例都会把性能提升列举为转向 Go 的其中一个原因。例如，Iron.io 只用了 2 台 Go 服务器就替换了他们原来使用的 30 台 Ruby 服务器；而 Bitly 在使用 Go 重写原有的 Python 应用程序之后也获得了持续、可测量的性能提升，这导致他们在之后把自己的 C 应用程序也“更新换代”成了相应的 Go 版本。

Go 不仅像解释语言一样简单和有趣，还在性能和可靠性上占有优势，并且由于 Go 是一门只包含几种简单概念的小型语言，所以学习起来也相对较快。综上所述，我们得出以下 Go 箴言：

> Go 是一门开源编程语言，使用它可以大规模地生产出**简单**、**高效**且**可信赖**的软件。
>
> ——Go 品牌手册

**提示** 当你在互联网上搜索 Go 的相关话题时，可以使用关键字 golang 来代表 Go 语言。这种将-lang 后缀添加到语言名字之后的做法也适用于其他编程语言，如 Ruby、Rust 等。

**速查 1-1**　Go 编译器的两个优点是什么？

## 1.2　Go Playground

学习 Go 语言最快捷的方式就是使用 Go Playground，这个工具可以让你在无须安装任何软件的情况下直接编辑、运行和试验 Go 程序。当你点击 Go Playground 中的 Run（运行）按钮的时候，Go Playground 就会在谷歌公司的服务器上编译并执行你输入的代码，然后在屏幕上显示执行代码的结果，如图 1-2 所示。

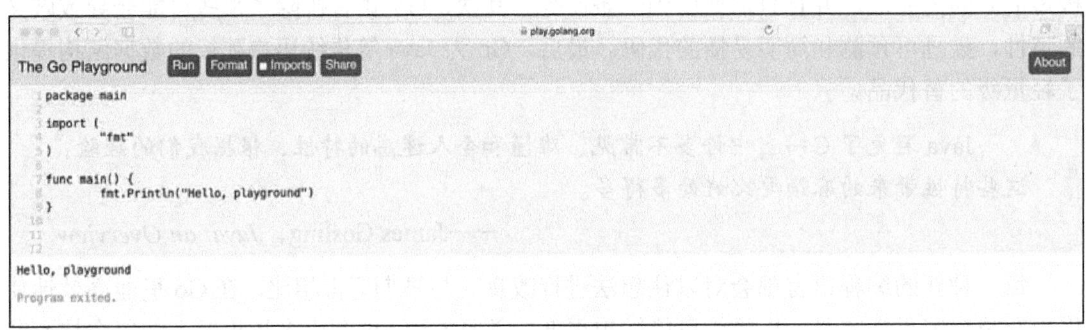


图 1-2　Go Playground

点击 Go Playground 中的 Share（分享）按钮可以获得一个访问当前代码的链接。你可以通过这个链接把自己的代码分享给朋友，或者将其用作浏览器书签以便保存工作进度。

**注意**　虽然本书列出的所有代码和练习都可以通过 Go Playground 执行，但如果你更习惯使用文本编辑器和命令行，那么你可以下载 Go 并安装到你的计算机上。

**速查 1-2**　Go Playground 中的 Run 按钮是用来做什么的？

---

**速查 1-1 答案**　Go 编译器可以在极短的时间内完成对大型程序的编译，并且它可以在程序运行之前找出代码中的一些人为失误，如拼写错误等。

**速查 1-2 答案**　Run 按钮可以在谷歌的服务器上编译并执行用户输入的代码。

## 1.3 包和函数

当我们访问 Go Playground 的时候将会看到代码清单 1-1 所示的代码，它作为学习 Go 语言的起点真的再合适不过了。

**代码清单 1-1 与 Go Playground 的初次见面：playground.go**

```
package main        ← 声明本代码所属的包
import (
    "fmt"           ← 导入 fmt（是 format 的缩写）包，使其可用
)
func main() {       ← 声明一个名为 main 的函数
    fmt.Println("Hello, playground")   ← 在屏幕上打印出“Hello, playground”
}
```

尽管这段代码非常简短，但它引入了 package、import 和 func 这 3 个非常重要的关键字，这些保留的关键字都有它们各自的特殊目的。

package 关键字声明了代码所属的包，在本例中这个包的名字就是 main。所有用 Go 编写的代码都会被组织成各式各样的包，并且每个包都对应一个单独的构想，例如，Go 语言本身就提供了一个面向数学、压缩、加密、图像处理等领域的标准库。

在 package 关键字之后，代码使用了 import 关键字来导入自己将要用到的包。一个包可以包含任意数量的函数。例如，math 包提供了诸如 Sin、Cos、Tan 和 Sqrt 等函数，而此处用到的 fmt 包则提供了用于格式化输入和输出的函数。因为在屏幕上显示文本是一个非常常用的操作，所以 Go 使用了缩写 fmt 作为包名。gopher 通常把这个包的名字读作“FŌŌMT!”，给人的感觉仿佛这个库是使用漫画书上的大爆炸字体撰写的一样。

func 关键字用于声明函数，在本例中这个函数的名字就是 main。每个函数的体（body）都需要使用大括号{}包围，这样 Go 才能知道每个函数从何处开始，又在何处结束。

main 这一标识符（identifier）具有特殊意义。当我们运行一个 Go 程序的时候，它总是从 main 包的 main 函数开始运行。如果 main 不存在，那么 Go 编译器将报告一个错误，因为它无法得知程序应该从何处开始执行。

为了打印出一个由文本组成的行，例子中的代码使用了 Println 函数（其中 ln 为英文 line 的缩写）。每次用到被导入包中的某个函数时，我们都需要在函数的名字前面加上包的名字以及一个点号作为前缀。例如，代码清单 1-1 中的 Println 函数前面就带有 fmt 后跟一个点号作为前缀，这是因为 Println 函数就是由被导入的 fmt 包提供的。Go 的这一特性可以让用户在阅读代码的时候立即弄清楚各个函数分别来自哪个包。

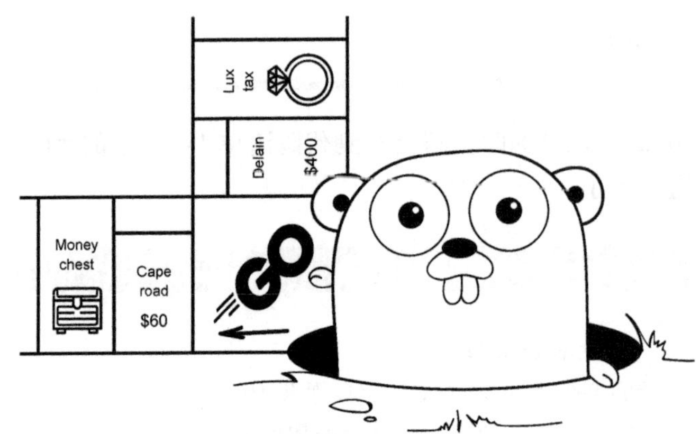


当我们按下 Go Playground 中的 Run 按钮时，代码中被引号包围的文本将输出至屏幕，最终使得文本“Hello, playground”出现在 Go Playground 中的输出区域中。对英语来说，即使缺少一个逗号也有可能使整个句子的意义变得完全不同。同样，标点符号对编程语言来说也是至关重要的。例如，Go 就需要依靠引号、圆括号和大括号等符号来理解用户输入的代码。

**速查 1-3**

1. Go 程序从何处开始执行？
2. fmt 包提供了什么功能？

## 1.4　唯一允许的大括号放置风格

Go 对于大括号{}的摆放位置非常挑剔。在代码清单 1-1 中，左大括号{与 func 关键字位于同一行，而右大括号}则独占一行。这是 Go 语言**唯一允许的大括号放置风格**，除此之外的其他大括号放置风格都是不被允许的。

Go 之所以如此严格地限制大括号的放置风格，与这门语言刚刚诞生时出现的一些情况有关。在早期，使用 Go 编写的代码总是无一幸免地带有分号，它们就像迷路的小狗一样跟在每条单独的语句后面，例如：

**速查 1-3 答案**

1. Go 程序从 main 包的 main 函数开始执行。
2. fmt 包提供了用于格式化输入和输出的函数。

```
fmt.Println("Hello, fire hydrant");
```

到了 2009 年 12 月，一群“忍者”gopher 决定把分号从语言中驱逐出去。好吧，这么说也不太准确。实际上，Go 编译器将为你代劳，自动地插入那些可爱的分号。这种机制运行得非常完美，但它的代价就是要求用户必须遵守上面提到的唯一允许的大括号放置风格。

如果用户尝试将左大括号和 `func` 关键字放在不同的行里面，那么 Go 编译器将报告一个语法错误：

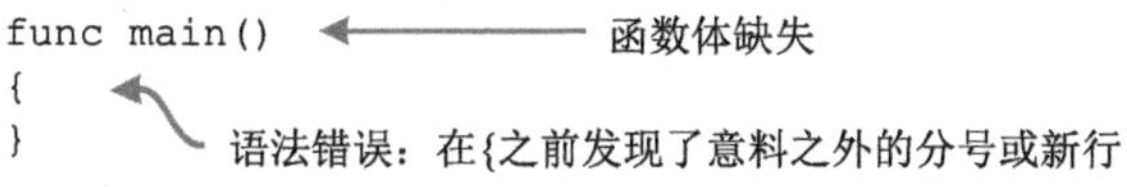


出现这个问题并不是编译器有意刁难，而是由于分号被插到了错误的位置，导致编译器犯了点儿小迷糊，最终才不得不求助于你。

**提示** 在阅读本书的时候，亲力亲为、不厌其烦地键入代码清单中的每段代码是一个不错的主意。这样一来，如果你键入了错误的代码，就会看到相应的语法错误，但这并不是一件坏事。能够识别、理解并纠正代码中的错误是一项至关重要的技能，而且坚持不懈也是一种宝贵的品质。

> **速查 1-4**
>
> 用户必须将左大括号{置于何处才能避免引起语法错误？

##  1.5 小结

- 通过 Go Playground，我们可以在不必安装任何软件的情况下开始使用 Go。
- 每个 Go 程序都由包中包含的函数组成。
- 为了将文本输出至屏幕，我们需要用到标准库提供的 `fmt` 包。
- 和自然语言一样，编程语言中的标点符号也是至关重要的。
- 到目前为止，我们已经使用了 25 个 Go 关键字中的 3 个，它们分别是：`package`、

---

**速查 1-4 答案** 左大括号必须与 `func` 关键字位于同一行而不是独占一行，这是 Go 语言唯一允许的大括号放置风格。

import 和 func。

为了检验你是否已经掌握了上述知识，请按照接下来展示的练习的要求修改 Go Playground 中的代码，并点击 Run 按钮来查看结果。如果你在做练习的过程中遇到麻烦无法继续下去，那么可以通过刷新浏览器来让代码回到最初的状态。

### 实验：playground.go

- 修改代码中被引号包围的文本，使得程序在将文本打印至屏幕时，可以用你的名字向你打招呼。
- 在 main 函数的函数体{}内添加第二行代码，使得程序可以打印出两个文本行。就像这样：

```
fmt.Println("Hello, world")
fmt.Println("Hello, 世界")
```

- Go 支持所有自然语言的字符。你可以尝试让程序用中文、日文、俄文甚至是西班牙文打印文本。如果你不懂上述提到的这些语言，那么可以先通过谷歌翻译工具进行翻译，然后再把翻译后的文本复制/粘贴到 Go Playground。

你可以通过点击 Go Playground 中的 Share 按钮来获得访问当前代码的链接，然后将该链接发布至本书的论坛与其他读者进行分享。

最后，你可以将你的解法和“习题答案”中给出的参考答案进行对比，从而判断其是否正确。

UNIT

1

# 第 1 单元　命令式编程

跟母亲菜谱上记载的烹饪方法一样，绝大多数计算机程序都由一系列步骤组成。程序员需要精确地告诉计算机如何完成任务，然后由计算机负责执行程序员的指令。这种通过编写指令来进行编程的方式被称为命令式编程，它就像是在教计算机如何做菜一样！

在本单元中，我们将会了解 Go 的一些基本知识，并开始学习如何通过 Go 的句法向计算机发出指令。本单元中的各章将陆续介绍一些知识，这些知识将帮助我们应对本单元最后提出的挑战：构建一个计算去火星旅行所需费用的应用程序。

# 第 2 章　被美化的计算器

**本章学习目标**

- 学会让计算机执行数学运算
- 学会声明变量和常量
- 了解声明和赋值的区别
- 学会使用标准库生成伪随机数

计算机程序能够完成许多任务。在本章中，你将编写程序去解决数学问题。

**请考虑这一点**

我们为什么要编写程序来做那些只需要按一下计算器就能完成的事情呢？

首先，人类的记性通常都不太好，可能无法凭借自身的记忆力精确地记下光速或者火星沿着轨道绕太阳一周所需的时间，而程序和计算机没有这个问题。其次，代码可以保存起来以供之后阅读，它既是一个计算器也是一份参考说明。最后，程序是可执行文件，人们可以随时根据自己的需要来共享和修改它。

## 2.1　执行计算

人们总是希望自己能够变得更年轻和更苗条，如果你也有同样的想法，那么火星应该能满足你的愿望。火星上的一年相当于地球上的 687 天，而较弱的重力作用则使得同一物体在火星上的重量约占地球上重量的 38%。

为了计算本书作者Nathan在火星上的年龄和体重，我们写下代码清单2-1所示的小程序。Go 跟其他编程语言一样，提供了+、-、*、/和%等算术操作符，将它们分别用于执行加法、减法、乘法、除法和取模运算。

**提示**　取模运算符%能够计算出两个整数相除所得的余数。例如，42 % 10 的结果为 2。

**代码清单 2-1　你好，火星：mars.go**

```
// 我的减重程序                      ← 为人类读者提供的注释
package main
import "fmt"
// main 是所有程序的起始函数
func main() {
    fmt.Print("My weight on the surface of Mars is ")
    fmt.Print(149.0 * 0.3783)        ← 打印 56.3667
    fmt.Print(" lbs, and I would be ")
    fmt.Print(41 * 365 / 687)        ← 打印 21
    fmt.Print(" years old.")
}
```

**注意**　虽然代码清单 2-1 会以磅为单位显示体重，但计量单位的选择对于体重的计算并无影响。无论你使用的是什么计量单位，在火星上的重量都只相当于在地球上重量的 37.83%。

这段代码的第一行为注释。当 Go 在代码里面发现双斜杠//的时候，它会忽略双斜杠之后直到行尾为止的所有内容。计算机编程的本质就是传递信息，好的代码不仅能够把程序员的指令传递给计算机，还能够把程序员的意图传递给其他阅读代码的人。注释的存在正是为了帮助人们理解代码的意图，它不会对程序的行为产生任何影响。

代码清单 2-1 会调用 Print 函数好几次，以便将完整的句子显示在同一行里面。达到这一目的的另一种方法是调用 Println 函数，并向它传递一组由逗号分隔的参数，这些参数可以是文本、数值或者数学表达式：

```
fmt.Println("My weight on the surface of Mars is", 149.0*0.3783, "lbs, and I would be",
41*365.2425/687, "years old.")
```

打印出“My weight on the surface of Mars is 56.3667 lbs, and I would be 21.79758733624454 years old.”

**速查 2-1**

请在 Go Playground 网站中输入并运行代码清单 2-1，然后将作者 Nathan 的年龄（41）以及体重（149.0）替换成你的年龄和重量，看看自己在火星上的年龄和体重是多少？

**提示** 在修改代码之后，点击 Go Playground 中的 Format（格式化）按钮。这样 Go Playground 就会在不改变代码行为的前提下，自动重新格式化代码的缩进和空白。

## 2.2 格式化输出

使用代码清单 2-2 中展示的 `Printf` 函数，用户可以在文本中的任何位置插入给定的值。`Printf` 函数与 `Println` 函数同属一族，但前者对输出拥有更大的控制权。

**代码清单 2-2 `Printf`：fmt.go**

```
fmt.Printf("My weight on the surface of Mars is %v lbs,", 149.0*0.3783)
fmt.Printf(" and I would be %v years old.\n", 41*365/687)
```

打印出“My weight on the surface of Mars is 56.3667 lbs,”

打印出“and I would be 21 years old.”

与 `Print` 和 `Println` 不一样的是，`Printf` 接受的第一个参数总是文本，第二个参数则是表达式，而文本中包含的格式化变量`%v` 则会在之后被替换成表达式的值。

**注意** 之后的各章将按需介绍更多除 `%v` 之外的其他格式化变量，你也可以通过 Go 的在线文档查看完整的格式化变量参考列表。

虽然 `Println` 会自动将输出的内容推进至下一行，但是 `Printf` 和 `Print` 却不会那么做。对于后面这两个函数，用户可以通过在文本里面放置换行符`\n` 来将输出内容推进至下一行。

如果用户指定了多个格式化变量，那么 `Printf` 函数将按顺序把它们替换成相应的值：

```
fmt.Printf("My weight on the surface of %v is %v lbs.\n", "Earth", 149.0)
```

打印出“My weight on the surface of Earth is 149 lbs.”

**速查 2-1 答案** 这个问题没有标准答案，程序的具体输出取决于你输入的体重和年龄。

Printf 除可以在句子的任意位置将格式化变量替换成指定的值之外，还能够调整文本的对齐位置。例如，用户可以通过指定带有宽度的格式化变量%4v，将文本的宽度填充至 4 个字符。当宽度为正数时，空格将被填充至文本左边，而当宽度为负数时，空格将被填充至文本右边：

```
fmt.Printf("%-15v $%4v\n", "SpaceX", 94)
fmt.Printf("%-15v $%4v\n", "Virgin Galactic", 100)
```

执行上面这两行代码将打印出以下内容：

```
SpaceX          $  94
Virgin Galactic $ 100
```

**速查 2-2**

1. 如何才能打印出一个新行？
2. Printf 函数在遇到格式化变量%v 的时候会产生何种行为？

## 2.3　常量和变量

代码清单 2-1 中的计数器在计算时使用了类似 0.3783 这样的字面数值，但并没有具体说明这些数值所代表的含义，程序员有时候会把这种没有说明具体含义的字面数字称为魔数。通过使用常量和变量并为字面数值赋予描述性的名称，我们可以有效地减少魔数的存在。

在了解过居住在火星对于年龄和体重有何种好处之后，我们接下来要考虑的就是旅行所需消耗的时长。对我们的旅程来说，以光速旅行是最为理想的。因为光在太空的真空环境中会以固定速度传播，所以相应的计算将会变得较为简单。与此相反的是，根据行星在绕太阳运行的轨道上所处的位置不同，地球和火星之间的距离将会产生相当大的变化。

代码清单 2-3 引入了两个新的关键字 const 和 var，它们分别用于声明常量和变量。

**代码清单 2-3　实现光速旅行：lightspeed.go**

```
// 到达火星需要多长时间？
package main
import "fmt"
func main() {
    const lightSpeed = 299792 // km/s
```

**速查 2-2 答案**

1. 你可以通过在待打印文本的任意位置添加换行符\n 来插入新行，或者直接调用 fmt.Println()。
2. 格式化变量%v 将被替换成用户在后续参数中指定的值。

```
    var distance = 56000000 // km
    fmt.Println(distance/lightSpeed, "seconds")     ← 打印出“186 seconds”
    distance = 401000000
    fmt.Println(distance/lightSpeed, "seconds")     ← 打印出“1337 seconds”
}
```

只要将代码清单 2-3 中的代码录入 Go Playground，然后点击 Run 按钮，我们就可以计算出从地球出发到火星所需的时间了。能够以光速行进是一件非常便捷的事情，不消一会儿工夫你就能到达目的地，你甚至不会听到有人抱怨“我们怎么还没到？”。

这段代码的第一次计算通过声明 distance 变量并为其赋予初始值 56 000 000 km 来模拟火星与地球相邻时的情形，而在进行第二次计算的时候，则通过为 distance 变量赋予新值 401 000 000 km 来模拟火星和地球分列太阳两侧时的情形（其中 401 000 000 km 代表的是火星和地球之间的直线距离）。

**注意** lightSpeed 常量是不能被修改的，尝试为其赋予新值将导致 Go 编译器报告错误：“无法对 lightSpeed 进行赋值”。

**注意** 变量必须先声明后使用。如果尚未使用 var 关键字对变量进行声明，那么尝试向它赋值将导致 Go 报告错误，例如在前面的代码中执行 speed = 16 就会这样。这一限制有助于发现类似于“想要向 distance 赋值却键入了 distence”这样的问题。

**速查 2-3**

1. 尽管 SpaceX 公司的星际运输系统因为缺少曲速引擎而无法以光速行进，但它仍然能够以每小时 100 800 km 这一可观的速度驶向火星。如果这个雄心勃勃的公司在 2025 年 1 月，也就是地球和火星之间相距 96 300 000 km 的时候发射宇宙飞船，那么它需要用多少天才能够到达火星？请修改代码清单 2-3 来计算并回答这一问题。

2. 在地球上，一天总共有 24 小时。如果要在程序中为数字 24 指定一个描述性的名字，你会用什么关键字？

**速查 2-3 答案**

1. 虽然宇宙飞船在实际中不可能只沿着直线行进，但作为一个粗略的估计，它从地球飞行至火星大约需要用 39 天。以下是进行计算所需修改的代码：

```
const hoursPerDay = 24
var speed = 100800       // km/h
var distance = 96300000 // km
fmt.Println(distance/speed/hoursPerDay, "days")
```

2. 因为在地球上一天经过的小时数不会在程序运行的过程中发生变化，所以我们可以使用 const 关键字来定义它。

## 2.4 走捷径

虽然访问火星也许没有捷径可走，但 Go 却提供了一些能够让我们少敲些字的快捷方式。

### 2.4.1 一次声明多个变量

用户在声明变量或者常量的时候，既可以在每一行中单独声明一个变量：

```
var distance = 56000000
var speed = 100800
```

也可以一次声明一组变量：

```
var (
    distance = 56000000
    speed = 100800
)
```

或者在同一行中声明多个变量：

```
var distance, speed = 56000000, 100800
```

需要注意的是，为了保证代码的可读性，我们在一次声明一组变量或者在同一行中声明多个变量之前，应该先考虑这些变量是否相关。

**速查 2-4**

请在只使用一行代码的情况下，同时声明每天包含的小时数以及每小时包含的分钟数。

### 2.4.2 增量并赋值操作符

有几种快捷方式可以让我们在赋值的同时执行一些操作。例如，代码清单 2-4 中的最后两行就是等效的。

**代码清单 2-4　赋值操作符：shortcut.go**

```
var weight = 149.0
weight = weight * 0.3783
weight *= 0.3783
```

Go 为加一操作提供了额外的快捷方式，它们的执行方式如代码清单 2-5 所示。

**速查 2-4 答案**

```
const hoursPerDay, minutesPerHour = 24, 60
```

**代码清单 2-5 增量操作符**

```
var age = 41
age = age + 1   ← 生日快乐！
age += 1
age++
```

用户可以使用 count--执行减一操作，或者使用类似于 price /= 2 这样简短的方式执行其他常见的算术运算。

**注意** 顺带一提的是，Go 并不支持++count 这种见诸 C 和 Java 等语言中的前置增量操作。

**速查 2-5**

请用最简短的一行代码实现“从名为 weight 的变量中减去两磅”这一操作。

## 2.5 数字游戏

让人类随意想出一个介于 1 至 10 之间的数字是非常容易的，但如果想要让 Go 来完成同样的事情，就需要用到 rand 包来生成伪随机数。这些数字之所以被称为伪随机数，是因为它们并非真正随机，只是看上去或多或少像是随机的而已。

执行代码清单 2-6 中的代码会显示出两个 1～10 的数字。这个程序会先向 Intn 函数传入数字 10 以返回一个 0～9 的伪随机数，然后把这个数字加一并将其结果赋值给变量 num。因为常量无法使用函数调用的结果作为值，所以 num 被声明成了变量而不是常量。

**注意** 如果我们在写代码的时候忘记对伪随机数执行加一操作，那么程序将返回一个 0～9 的数字而不是我们想要的 1～10 的数字。这是典型的“差一错误”（off-by-one error）的例子，这种错误是典型的计算机编程错误之一。

**代码清单 2-6 随机数字：rand.go**

```
package main

import (
    "fmt"
    "math/rand"
)
```

**速查 2-5 答案**

```
weight -= 2
```

```
func main() {
    var num = rand.Intn(10) + 1
    fmt.Println(num)
    num = rand.Intn(10) + 1
    fmt.Println(num)
}
```

虽然 rand 包的导入路径为 math/rand，但是我们在调用 Intn 函数的时候只需要使用包名 rand 作为前缀即可，不需要使用整个导入路径。

**提示** 从原则上讲，我们在使用某个包之前必须先通过 import 关键字导入该包，但是贴心的 Go Playground 也可以在需要的时候自动为我们添加所需的导入路径。为此，你需要确保 Go Playground 中的 Imports 复选框已经处于选中状态，并点击 Format 按钮。这样一来，Go Playground 就会找出程序正在使用的包，然后更新代码以添加相应的导入路径。

**注意** 因为 Go Playground 会把每个程序的执行结果都缓存起来，所以即使我们重复执行代码清单 2-6 所示的程序，最终也只会得到相同的结果，不过能够做到这一点已经足以验证我们的想法了。

**速查 2-6**

地球和火星相邻时的距离和它们分列太阳两侧时的距离是完全不同的。请编写一个程序，它能够随机地生成一个介于 56 000 000 km 至 401 000 000 km 之间的距离。

## 2.6 小结

- Print、Println 和 Printf 函数都可以将文本和数值显示到屏幕上。
- 通过 Printf 函数和格式化变量%v,用户可以将值放置到被显示文本的任意位置上。
- const 关键字声明的是常量，它们无法被改变。
- var 关键字声明的是变量，它们可以在程序运行的过程中被赋予新值。
- rand 包的导入路径为 math/rand。
- rand 包中的 Intn 函数可以生成伪随机数。
- 到目前为止，我们已经使用了 25 个 Go 关键字中的 5 个，它们分别是：package、import、func、const 和 var。

**速查 2-6 答案**

```
// 随机地产生一个从地球到火星的距离（以 km 为单位）
var distance = rand.Intn(345000001) + 56000000
fmt.Println(distance)
```

为了检验你是否已经掌握了上述知识，请尝试完成以下实验。

## 实验：malacandra.go

> Malacandra 并不遥远，我们大约只需要 28 天就可以到达那里。
>
> ——C. S. Lewis，《沉寂的星球》（Out of the Silent Planet）

Malacandra 是 C. S. Lewis 在《太空三部曲》中为火星起的别名。请编写一个程序，计算在距离为 56 000 000 km 的情况下，宇宙飞船需要以每小时多少千米的速度飞行才能够用 28 天到达 Malacandra。

请将你的解答与“习题答案”中给出的参考答案进行对比。

# 第 3 章 循环和分支

**本章学习目标**

- 学会使计算机通过 if 和 switch 做选择
- 学会使用 for 循环重复执行指定的代码
- 学会基于条件实现循环和分支处理

计算机程序很少能够像小说那样从开头一直读到结尾，而更像是自选结局的故事书或交互小说 它们能够基于特定条件选择不同路径 或者重复相同步骤直到满足指定条件为止。

如果你对 if、else 和 for 这 3 个见诸多种编程语言的关键字已经非常熟悉，那么可以把本章看作是 Go 语法的快速简介。

**请考虑这一点**

作者 Nathan 年轻时跟家人一起长途旅行的时候，会一起玩“二十个问题”（Twenty Questions）游戏来消磨时间：一个人心里要想着一样东西，而其他人则通过提问的方式来猜测这样东西是什么，并且被提问的人只能回答“是”或“否”。类似于“它有多大？”这样的问题是无法回答的，更常见的问法是“它比烤面包机大吗？”。

计算机程序同样基于是/否问题执行操作。对于“是否比烤面包机大”这样的条件，计算机处理器要么继续执行后续步骤，要么通过 JMP 指令跳转至程序的其他位置，至于复杂的决策则会被分解成多个更小和更简单的条件。

以你今天所穿的衣服为例，你是如何挑选每一件衣服的呢，挑选结果取决于哪些因素？你是根据天气预报、当天的活动计划、衣服是否完好或者是否流行来挑选衣服的，还是只是随心所欲地挑选了一套，根本没考虑那么多？如果你要写一个程序来决定早上如何穿衣打扮，那么你会提出哪些只能回答“是”或者“否”的问题呢？

## 3.1 真或假

在阅读能够自选结局的故事书时，你会碰到类似于以下的选择：

> 如果你选择走出洞穴，那么请翻到第 21 页。
>
> ——Edward Packard，The Cave of Time

在 Go 中，诸如“是否走出洞穴”这样的问题可以用 `true` 和 `false` 这两个预声明常量来回答。你可以这样使用这两个常量：

```
var walkOutside = true
var takeTheBluePill = false
```

**注意** 某些编程语言对于“真”的定义比较宽松。例如，Python 和 JavaScript 就把空文本""和数字零看作是“假”，但是 Ruby 和 Elixir 却把这两个值看作是“真”。对 Go 来说，`true` 是唯一的真值，而 `false` 则是唯一的假值。

为了纪念 19 世纪时的数学家乔治·布尔（George Boole），我们把“真”和“假”称为布尔值。Go 语言标准库里面有好多函数都会返回布尔值。例如，代码清单 3-1 中就使用了 `strings` 包中的 `Contains` 函数来检查 `command` 变量是否包含单词“outside”，并且因为这一问题的答案为真，所以函数将返回 `true`。

**代码清单 3-1 返回布尔值的函数：contains.go**

```
package main

import (
    "fmt"
    "strings"
)
func main() {
    fmt.Println("You find yourself in a dimly lit cavern.")
    var command = "walk outside"
    var exit = strings.Contains(command, "outside")

    fmt.Println("You leave the cave:", exit)
}
```

打印文本“You leave the cave: true”

**速查 3-1**

1. 如果洞穴里面出现了令人目眩的正午阳光，你该如何声明名为 wearShades 的布尔变量呢？
2. 如果洞穴入口附近有一个指示牌，你该如何判断 command 变量是否包含单词“read”呢？

## 3.2 比较

比较两个值是得出 true 或 false 的另一种方式。Go 提供了表 3-1 所示的比较运算符。

**表 3-1　比较运算符**

| 符号 | 含义 | 符号 | 含义 |
| --- | --- | --- | --- |
| == | 相等 | <= | 小于等于 |
| != | 不相等 | > | 大于 |
| < | 小于 | >= | 大于等于 |

表 3-1 中的运算符既可以比较文本，又可以比较数值。例如，下面的代码清单 3-2 就展示了一个比较数值的例子。

**代码清单 3-2　比较数值：compare.go**

```go
fmt.Println("There is a sign near the entrance that reads 'No Minors'.")

var age = 41
var minor = age < 18

fmt.Printf("At age %v, am I a minor? %v\n", age, minor)
```

执行代码清单 3-2，我们将得到以下输出：

```
There is a sign near the entrance that reads 'No Minors'.
At age 41, am I a minor? false
```

**注意**　JavaScript 和 PHP 都提供了特殊的三等号（threequals）运算符来实现严格的相等性检查。在这些语言中，宽松检查"1" == 1 的结果为真，而严格检查"1" === 1 的结果则为假。Go 只提供了一个相等运算符，并且它不允许直接将文本和数值进行比较。本书将在第 10 章演示如何将数值转换为文本，以及如何将文本转换为数值。

**速查 3-1 答案**

1. var wearShades = true
2. var read = strings.Contains(command, "read")

**速查 3-2**

"apple"和"banana"这两个单词，哪个更大一些?

## 3.3 使用 if 实现分支判断

正如代码清单 3-3 所示，计算机可以使用布尔值或者比较条件，在 `if` 语句中选择不同的执行路径。

**代码清单 3-3 分支：if.go**

```
package main

import "fmt"

func main() {
    var command = "go east"
    if command == "go east" {          // 检查命令是否为"go east"
        fmt.Println("You head further up the mountain.")
    } else if command == "go inside" {  // 在第一次检查为假之后，检查命令是否为"go inside"
        fmt.Println("You enter the cave where you live out the rest of your life.")
    } else {                            // 如果前两次检查都为假，那么执行第三个分支
        fmt.Println("Didn't quite get that.")
    }
}
```

执行代码清单 3-3，我们将得到以下输出：

```
You head further up the mountain.
```

`else if` 语句和 `else` 语句都是可选的。当有多个分支路径可选时，可以重复使用 `else if` 直到满足需要为止。

**注意** 如果张冠李戴地误用了赋值操作符=来代替相等运算符==，那么 Go 将报告一个错误。

**速查 3-3**

冒险游戏通常会使用不同的空间作为场景。请编写一个程序，它使用 `if` 和 `else if` 分别显示出洞穴、入口和大山这 3 个空间的描述。在编写程序的过程中，确保像代码清单 3-3 那样根据 Go 唯一合法的括号风格来放置大括号`{}`。

**速查 3-2 答案**

因为语句 fmt.Println("apple" > "banana")的执行结果为 false，所以单词"banana"比单词"apple"要大。

## 3.4 逻辑运算符

在 Go 中，逻辑运算符||代表“逻辑或”，而逻辑运算符&&则代表“逻辑与”。这些逻辑运算符可以一次检查多个条件，图 3-1 和图 3-2 分别展示了它们的求值方式。

| | false | true |
|---|---|---|
| false | false | true |
| true | true | true |

图 3-1　逻辑或：当 a、b 两个值中至少有一个为 true 时，a || b 为 true

| | false | true |
|---|---|---|
| false | false | false |
| true | false | true |

图 3-2　逻辑与：当且仅当 a、b 两个值都为 true 时，a && b 为 true

代码清单 3-4 展示的是一段判断 2100 年是否为闰年的程序，其中用到的判断指定年份是否为闰年的规则如下：

**速查 3-3 答案**

```
package main

import "fmt"

func main() {
    var room = "cave"
    if room == "cave" {
        fmt.Println("You find yourself in a dimly lit cavern.")
    } else if room == "entrance" {
        fmt.Println("There is a cavern entrance here and a path to the east.")
    } else if room == "mountain" {
        fmt.Println("There is a cliff here. A path leads west down the mountain.")
    } else {
        fmt.Println("Everything is white.")
    }
}
```

- 能够被 4 整除但是不能被 100 整除的年份是闰年；
- 可以被 400 整除的年份是闰年。

**注意** 正如之前所述，取模运算符%可以计算出两个数相除时所得的余数，而余数为 0 则表示一个数被另一个数整除了。

**代码清单 3-4 闰年识别器：leap.go**

```
fmt.Println("The year is 2100, should you leap?")

var year = 2100
var leap = year%400 == 0 || (year%4 == 0 && year%100 != 0)

if leap {
    fmt.Println("Look before you leap!")
} else {
    fmt.Println("Keep your feet on the ground.")
}
```

执行代码清单 3-4，我们将得到以下输出：

```
The year is 2100, should you leap?
Keep your feet on the ground.
```

跟大多数编程语言一样，Go 也采用了**短路逻辑**：如果位于`||`运算符之前的第一个条件为真，那么位于`||`运算符之后的条件就可以被忽略，没有必要再对其进行求值。具体到代码清单 3-4 中的例子，当给定年份可以被 400 整除时，程序就不必再进行后续的判断了。

`&&`运算符的行为与`||`运算符正好相反：只有在两个条件都为真的情况下，运算结果才为真。对于代码清单 3-4 中的例子，如果给定年份无法被 4 整除，那么程序就不会对后续条件进行求值。

**逻辑非运算符**`!`可以将一个布尔值从`false`变为`true`，或者将`true`变为`false`。作为例子，代码清单 3-5 将在玩家没有火把或者未点燃火把时打印出一条消息。

代码清单 3-5 逻辑非运算符：torch.go

```
var haveTorch = true
var litTorch = false
if !haveTorch || !litTorch {
    fmt.Println("Nothing to see here.")    ← 打印出“Nothing to see here.”
}
```

**速查 3-4**

1. 首先请使用纸和笔，将代码清单 3-4 中闰年表达式的年份替换为 2000；接着对所有取模运算求值，计算出它们的余数（如果有需要可以使用计算器）；在此之后，对==和!=条件求值以得出 true 或者 false；最后，求值逻辑运算符&&和||，并最终判断 2000 年是否为闰年。

2. 如果在对 2000%400 == 0 求值为 true 时使用短路逻辑，是不是就可以节省一些时间了？

## 3.5 使用 switch 实现分支判断

正如代码清单 3-6 所示，Go 提供了 switch 语句，它可以将单个值和多个值进行比较。

代码清单 3-6 switch 语句：concise-switch.go

```
fmt.Println("There is a cavern entrance here and a path to the east.")
var command = "go inside"

switch command {    ← 将命令和给定的多个分支进行比较
case "go east":
    fmt.Println("You head further up the mountain.")
case "enter cave", "go inside":    ← 使用逗号分隔多个可选值
    fmt.Println("You find yourself in a dimly lit cavern.")
case "read sign":
    fmt.Println("The sign reads 'No Minors'.")
default:
    fmt.Println("Didn't quite get that.")
}
```

**速查 3-4 答案**

1. 是的，2000 年的确是闰年：

```
2000%400 == 0 || (2000%4 == 0 && 2000%100 != 0) 0 == 0 || (0 == 0 && 0 != 0)
true || (true && false)
true || (false)
true
```

2. 是的，计算并写下等式的后半部分需要花费额外的时间。虽然计算机执行相同计算的速度要快得多，但短路逻辑仍然能够起到节省时间的作用。

执行代码清单 3-6 中的代码，我们将得到以下输出：

```
There is a cavern entrance here and a path to the east.
You find yourself in a dimly lit cavern.
```

**注意** 除文本以外，switch 语句还可以接受数值作为条件。

switch 语句的另一种用法是像 if...else 那样，在每个分支中单独设置比较条件。正如代码清单 3-7 所示，switch 还拥有独特的 fallthrough 关键字，它可以用于执行下一个分支的代码。

**代码清单 3-7 switch 语句：switch.go**

```
var room = "lake"        ← 比较表达式将被放置到单独的分支里面
switch {
case room == "cave":
    fmt.Println("You find yourself in a dimly lit cavern.")
case room == "lake":
    fmt.Println("The ice seems solid enough.")
    fallthrough          ← 下降至下一分支
case room == "underwater":
    fmt.Println("The water is freezing cold.")
}
```

执行代码清单 3-7 中的代码，我们将得到以下输出：

```
The ice seems solid enough.
The water is freezing cold.
```

**注意** 在 C、Java、JavaScript 等语言中，下降是 switch 语句各个分支的默认行为，而 Go 对此采取了更为谨慎的做法，即用户需要显式地使用 fallthrough 关键字才会引发下降。

**速查 3-5**

请修改代码清单 3-7，通过将 room 设置为每个分支的比较对象，让 switch 语句能够以更为紧凑的形式出现。

**速查 3-5 答案**

```
switch room {
case "cave":
    fmt.Println("You find yourself in a dimly lit cavern.")
case "lake":
    fmt.Println("The ice seems solid enough.")
    fallthrough
case "underwater":
    fmt.Println("The water is freezing cold.")
}
```

## 3.6 使用循环实现重复执行

当需要重复执行同一段代码的时候，与一遍又一遍键入相同的代码相比，更好的办法是使用 for 关键字。例如，代码清单 3-8 中就展示了如何重复执行同一段代码直到 count 变量的值等于 0。

代码清单 3-8 倒数循环：countdown.go

```
package main
import (
    "fmt"
    "time"
)
func main() {
    var count = 10          ← 声明并初始化
    for count > 0 {         ← 为循环设置条件
        fmt.Println(count)
        time.Sleep(time.Second)
        count--             ← 每次循环之后将计数器的值减一，以免产生无限循环
    }
    fmt.Println("Liftoff!")
}
```

在每次迭代开始之前，表达式 count>0 都会被求值并产生一个布尔值。当该值为 false 也就是 count 变量等于 0 的时候，循环就会终止。反之，如果该值为真，那么程序将继续执行循环体，也就是被{和}包围的那部分代码。

此外，我们还可以通过不为 for 语句设置任何条件来产生无限循环，然后在有需要的时候通过在循环体内使用 break 语句来跳出循环。例如，执行代码清单 3-9 会持续地进行 360°旋转，直到随机触发停止条件为止。

**代码清单 3-9 超越无限：infinity.go**

```
var degrees = 0
for {
    fmt.Println(degrees)
    degrees++
    if degrees >= 360 {
        degrees = 0
        if rand.Intn(2) == 0 {
            break
        }
    }
}
```

**注意** *之后的第 4 章和第 9 章将介绍 for 循环的更多形式。*

**速查 3-6**

火箭的发射过程并非总是一帆风顺。请实现一个火箭发射倒计时程序，它在倒计时过程中的每一秒都伴随着百分之一的发射失败概率，若发射失败则停止倒计时。

## 3.7 小结

- 布尔值是唯一可以用于条件判断的值。
- Go 通过 `if`、`switch` 和 `for` 来实现分支判断和重复执行代码。
- 到目前为止，我们已经使用了 25 个 Go 关键字中的 12 个，它们分别是：`package`、`import`、`func`、`var`、`if`、`else`、`switch`、`case`、`default`、`fallthrough`、`for` 和 `break`。

**速查 3-6 答案**

```
var count = 10
for count > 0 {
    fmt.Println(count)
    time.Sleep(time.Second)
    if rand.Intn(100) == 0 {
        break
    }
    count--
}
if count == 0 {
    fmt.Println("Liftoff!")
} else {
    fmt.Println("Launch failed.")
}
```

为了检验你是否已经掌握了上述知识，请尝试完成以下实验。

## 实验：guess.go

请编写一个“猜数字”程序，让它重复地在 1～100 中随机选择一个数字，直到这个数字跟你在程序开头声明的数字相同为止。请打印出程序随机选择的每个数字，并说明该数字是大于还是小于你声明的数字。

4

LESSON

# 第 4 章　变量作用域

**本章学习目标**

- 知悉变量作用域的好处
- 学会用更简洁的方式声明变量
- 了解 for、if 和 switch 是如何与变量作用域交互的
- 学会如何控制作用域的范围

在程序运行的过程中，很多变量都会在短暂使用之后被丢弃，这是由编程语言的作用域规则促成的。

**请考虑这一点**

你可以在脑海里面一次记住多少东西?

据说人类的短期记忆最多只能记住大概 7 样东西，7 位数的电话号码就是一个很好的例子。

虽然计算机的短期记忆存储器或随机访问存储器（RAM）可以记住大量值，但是别忘了，程序代码除需要被计算机读取之外，还需要被人类阅读，所以它还是应该尽可能地保持简洁。

与此类似，如果可以随时修改或者在任何位置随意访问程序中的变量，那么光是跟踪大型程序中的变量就足以让人手忙脚乱。变量作用域的好处是可以让程序员聚焦于给定函数或者部分代码的相关变量，而不需要考虑除此之外的其他变量。

## 4.1　审视作用域

变量从声明之时开始就处于作用域当中，换句话说，变量就是从那时开始变为可见的。只要变量仍然存在于作用域当中，程序就可以访问它，然而变量一旦脱离作用域，那么尝试继续访问它将引发错误。

变量作用域的一个好处是我们可以为不同的变量复用相同的名字。因为除极少数小型程序之外，程序的变量几乎不可能不出现重名。

除此之外，变量作用域还能够帮助我们更好地阅读代码，因为我们无须在脑海里记住所有变量。毕竟一旦某个变量脱离了作用域，我们就不必再关心它了。

Go 的作用域通常会随着大括号{}的出现而开启和结束。在接下来展示的代码清单 4-1 中，main 函数开启了一个作用域，而 for 循环则开启了一个嵌套作用域。

**代码清单 4-1　作用域规则：scope.go**

```
package main
import (
    "fmt"
    "math/rand"
)
func main() {
    var count = 0
    for count < 10 {    ← 开启新的作用域
        var num = rand.Intn(10) + 1
        fmt.Println(num)
        count++
```

```
    }        ← 作用域结束
}
```

因为对 count 变量的声明位于 main 函数的函数作用域之内，所以它在 main 函数结束之前将一直可见。反观 num 变量，因为对它的声明位于 for 循环的作用域之内，所以它在 for 循环结束之后便不再可见。

尝试在循环结束之后访问 num 变量将引发 Go 编译器报错。与此不同的是，因为对 count 变量的声明位于 for 循环之外，所以即使在 for 循环结束之后，程序也可以在有需要的时候继续访问 count 变量。另外，如果我们想要把 count 变量的作用域也限制在循环之内，就需要用到在 Go 中声明变量的另一种方式。

**速查 4-1**

1. 变量作用域对我们有什么好处？

2. 变量在脱离作用域之后会发生什么？请修改代码清单 4-1，尝试在循环结束之后访问 num 变量，看看会发生什么？

## 4.2 简短声明

简短声明为 var 关键字提供了另一种备选语法。以下两行代码是完全等效的：

```
var count = 10
count := 10
```

初看上去，少键入两三个字符似乎不算什么，但正是这一点使得简短声明比 var 关键字流行得多。更重要的是，简短声明还可以用在一些无法使用 var 关键字的地方。

代码清单 4-2 展示了 for 循环的一种变体形式，它包含了初始化语句、比较条件语句以及对 count 变量执行递减运算的后置语句。在使用这种形式的 for 循环时，我们需要依次向循环提供初始化语句、比较条件语句和后置语句。

**速查 4-1 答案**

1. 作用域可以让我们在多个位置使用相同的变量名而不会引发任何冲突，并且在编程的时候只需要考虑位于当前作用域之内的变量。

2. 脱离作用域的变量将不再可见并且无法访问。尝试在 num 变量的作用域之外访问它将导致 Go 编译器报告以下错误：undefined: num。

**代码清单 4-2 更简洁的倒数程序：loop.go**

```
var count = 0
for count = 10; count > 0; count-- {
    fmt.Println(count)
}
fmt.Println(count)
```

count 变量仍然处于作用域之内

在不使用简短声明的情况下，count 变量的声明必须被放置在循环之外，这意味着在循环结束之后 count 变量将继续存在于作用域。

但是在使用简短声明的情况下，正如代码清单 4-3 所示，对 count 变量的声明和初始化将成为 for 循环的一部分，并且该变量将在循环结束之后脱离作用域，而尝试在循环之外访问 count 变量将导致 Go 编译器报告 undefined: count 错误。

**代码清单 4-3 在 for 循环中使用简短声明：short-loop.go**

```
for count := 10; count > 0; count-- {
    fmt.Println(count)
}
```

随着循环结束，count 变量将不再处于作用域之内

**提示** 从代码的可读性考虑，声明变量的位置和使用变量的位置应该尽可能地邻近。

除 for 循环外，简短声明还可以在 if 语句中声明新的变量。例如，代码清单 4-4 中的 num 变量就可以用在 if 语句的所有分支当中。

**代码清单 4-4 在 if 语句中使用简短声明：short-if.go**

```
if num := rand.Intn(3); num == 0 {
    fmt.Println("Space Adventures")
} else if num == 1 {
    fmt.Println("SpaceX")
} else {
    fmt.Println("Virgin Galactic")
}
```

随着 if 语句结束，num 变量将不再处于作用域之内

正如代码清单 4-5 所示，和 if 语句一样，简短声明也可以用作 switch 语句的一部分。

**代码清单 4-5 在 switch 语句中使用简短声明：short-switch.go**

```
switch num := rand.Intn(10); num {
case 0:
    fmt.Println("Space Adventures")
case 1:
    fmt.Println("SpaceX")
case 2:
    fmt.Println("Virgin Galactic")
default:
    fmt.Println("Random spaceline #", num)
}
```

**速查 4-2**

如果代码清单 4-4 和代码清单 4-5 不使用简短声明，那么 num 变量的作用域将产生何种变化？

## 4.3 作用域的范围

代码清单 4-6 展示的程序能够生成并显示一个随机的日期（这个日期也许就是我们启程去火星的日期）。除此之外，这个程序还演示了 Go 中的几种不同的作用域，并阐明了在声明变量时考虑作用域的重要性。

**代码清单 4-6 变量作用域规则：scope-rules.go**

```
package main
import (
    "fmt"
    "math/rand"
)
var era = "AD"                                          ← era 变量在整个包都是可用的
func main() {
    year := 2018                                        ← era 变量和 year 变量都处于作用域之内
    switch month := rand.Intn(12) + 1; month {          ← 变量 era、year 和 month 都处于作用域之内
    case 2:
        day := rand.Intn(28) + 1                        ← 变量 era、year、month 和 day 都处于作用域之内
        fmt.Println(era, year, month, day)
    case 4, 6, 9, 11:
        day := rand.Intn(30) + 1                        ← 这两个 day 变量是全新声明的变量，
        fmt.Println(era, year, month, day)                跟上面声明的同名变量并不相同
    default:
        day := rand.Intn(31) + 1
        fmt.Println(era, year, month, day)
    }                                                   ← month 变量和 day 变量不再处于作用域之内
}                                                       ← year 变量不再处于作用域之内
```

因为对 era 变量的声明位于 main 函数之外的包作用域中，所以它对于 main 包中的所有函数都是可见的。

**注意** 因为包作用域在声明变量时不允许使用简短声明，所以我们无法在这个作用域中使用

**速查 4-2 答案**

因为在 if、switch 或 for 关键字后不可能立即用 var 声明变量，所以在不使用简短声明的情况下，程序只能在 if / switch 语句的前面声明 num 变量，从而导致 num 变量在 if / switch 语句结束之后仍然存在于作用域之内。

era := "AD"来对 era 进行声明。

year 变量只在 main 函数中可见。如果包中还存在其他函数，那么它们将会看见 era 变量，但是却无法看到 year 变量。函数作用域比包作用域的范围狭窄，它始于 func 关键字，并终结于函数声明的右大括号。

month 变量在整个 switch 语句中的任何位置都可见，不过一旦 switch 语句结束，month 就不再处于作用域之内了。switch 语句的作用域始于 switch 关键字，并终结于 switch 语句的右大括号。

因为 switch 的每个 case 都拥有自己独立的作用域，所以每个分支分别拥有各自独立的 day 变量。在每个分支结束之后，该分支声明的 day 变量将不再处于作用域之内。switch 分支的作用域是唯一一种无须使用大括号标识的作用域。

代码清单 4-6 中的代码距离完美还有相当长的一段距离。变量 month 和 day 狭窄的作用域导致 Println 重复出现了 3 次，这种代码重复可能会引发对某一处的修改，而没有修改另一处，例如，我们可能会决定不在每个分支中都打印 era 变量，却忘记了修改某个分支。在某些情况下，出现代码重复是正常的，但这种情况通常被认为是代码的坏味道，需要谨慎地处理。

为了消除重复并简化代码，我们需要将代码清单 4-6 中的某些变量声明移动到范围更宽广的函数作用域中，使得这些变量可以在 switch 语句结束之后继续为程序所用。为此，我们需要对代码实施重构，也就是在不改变代码行为的基础上对代码进行修改。重构得出的代码清单 4-7 跟代码清单 4-6 的行为完全相同，它们都可以选取并显示出一个随机的日期。

**代码清单 4-7　重构后的随机日期选取程序：random-date.go**

```
package main

import (
    "fmt"
    "math/rand"
)

var era = "AD"

func main() {
    year := 2018
    month := rand.Intn(12) + 1
    daysInMonth := 31
    switch month {
    case 2:
        daysInMonth = 28
    case 4, 6, 9, 11:
        daysInMonth = 30
```

```
    }
    day := rand.Intn(daysInMonth) + 1
    fmt.Println(era, year, month, day)
}
```

尽管狭窄的作用域有助于减少脑力负担，但代码清单 4-6 的例子也表明了过于约束变量将损害代码的可读性。在遇到这种问题的时候，我们应该根据具体情况逐步实施重构，直到代码的可读性能够满足我们的要求为止。

**速查 4-3**

请说出一种能够鉴别变量是否被过于约束的方法。

## 4.4 小结

- 左大括号{开启一个新的作用域而右大括号}则结束该作用域。
- 虽然没有用到大括号，但关键字 case 和 default 也都引入了新的作用域。
- 声明变量的位置决定了变量所处的作用域。
- 简短声明不仅仅是 var 声明的快捷方式，它还可以用在 var 声明无法使用的地方。
- 在 for 语句、if 语句或 switch 语句所在行声明的变量，其作用域将持续至该语句结束为止。
- 有时候宽广的作用域会比狭窄的作用域更好，反之亦然。

为了检验你是否已经掌握了上述知识，请尝试完成以下实验。

### 实验：random-dates.go

请修改代码清单 4-7，使它可以处理闰年。

- 生成一个随机的年份，而不是一直使用 2018 年。
- 如果生成的年份是闰年，那么将 2 月的 daysInMonth 变量的值设置为 29，如果不是闰年，则将其设置为 28。提示：你可以在 case 代码块的内部放置 if 语句。
- 使用 for 循环生成并显示 10 个随机日期。

**速查 4-3 答案**

如果代码重复是由变量声明引起的，那么变量可能就是被过于约束了。

# 第 5 章　单元实验：前往火星的航行票

欢迎来到本书的第一个单元实验，现在是时候使用我们在本单元学习到的知识来自己编写程序了！我们的任务是在 Go Playground 编写一个太空航行票务生成器，它需要用到变量、常量、switch、if 和 for，并使用 fmt 包和 math/rand 包来显示文本、对齐文本以及生成随机数。

在计划以火星为目的地的旅行时，能够从一个地方获知多家太空航行公司的票价将是一件非常方便的事情。虽然现在已经有不少聚合各大航空公司飞机票价格的网站，但目前还没有网站推出过相应的太空航行票务服务。不过这对我们来说并非难事，毕竟我们可以通过 Go 来让计算机解决这一问题。

为此，我们需要构建一个原型程序，它可以随机生成 10 张太空航行票，并将它们显示成格式工整、标题美观的表格形式，就像这样：

```
太空航行公司              飞行天数            飞行类型         价格（百万美元）
Virgin Galactic             23                 往返                 96
Virgin Galactic             39                 单程                 37
SpaceX                      31                 单程                 41
Space Adventures            22                 往返                 100
Space Adventures            22                 单程                 50
Virgin Galactic             30                 往返                 84
Virgin Galactic             24                 往返                 94
```

```
Space Adventures         27              单程              44
Space Adventures         28              往返              86
SpaceX                   41              往返              72
```

程序显示的表格应该包含以下 4 列：

- 提供服务的太空航行公司；
- 以天为单位，到达火星所需的单程飞行时间；
- 票价是否包含返程票；
- 以百万美元为单位的票价。

对于每张太空航行票，从 Space Adventures、SpaceX、Virgin Galactic 这 3 家太空航行公司中随机选择一家作为服务商。

选择 2020 年 10 月 13 日作为所有太空航行票的出发日期，火星和地球在那一天的距离为 62 100 000 km。

在 16～30 km/s 中随机选择一种速度作为宇宙飞船的飞行速度，该速度决定了到火星的飞行时长以及价格。宇宙飞船每次飞行的价格从 3600 万美元到 5000 万美元不等，速度越快的航线价格也越贵，至于往返票则需要收取双倍费用。

请在完成实验之后，将你的解答发布到本书在 Manning 出版社的论坛中。如果你在解题的过程中被难住了，那么可以随时到论坛里面请求帮助，或者去看看“习题答案”中提供的参考答案。

UNIT

2

# 第2单元　类型

在 x86 架构的计算机上，文本"Go"和数字 28487 都由相同的二进制值 0110111101000111 表示，是类型为这些相同的二进制位和字节赋予了不同的意义，使它们分别成为由两个字符组成的字符串以及 16 位（2 字节）的整数。其中字符串类型用于表示多语言文本，而 16 位整数类型则是众多数值类型中的一种。

本单元将对 Go 表示字符、文本、数字以及其他简单值的基本类型进行介绍，并在适当时候告诉你这些类型的优点和缺点，从而帮助你选择最适合的类型。

# 第 6 章　实数

**本章学习目标**

- 学会用两种不同的类型表示实数
- 学会在内存占用和精度之间进行取舍
- 学会妥善处理储钱罐中的舍入错误

计算机根据 IEEE-754 浮点数标准存储和操作类似 3.14159 这样的实数。浮点数的取值范围非常广阔，它们既可以像银河系一样巨大，也可以像原子一般微小。因为浮点数的功能是如此强大，所以诸如 JavaScript 和 Lua 这样的编程语言都使用浮点数作为唯一的实数表示。除实数之外，计算机还可以使用整数类型表示整数，这一主题将在第 7 章中介绍。

**请考虑这一点**

假设你在参加一个“三杯嘉年华”游戏，里面由近至远排列着 3 个杯子，最近的杯子每投入一枚硬币可以获得 0.10 美元，中间的杯子每投入一枚硬币可以获得 1 美元，最远的杯子每投入一枚硬币可以获得 10 美元。如果你被允许在每个杯子里面投入最多 10 枚硬币，并且现在已经往中间的杯子投入了总价值为 4 美元的 4 枚硬币，那么接下来你该作何安排才能赢得 100 美元呢?

与此类似，为了用固定大小的内存空间表示数量众多的实数，浮点数会从 2048 个杯子里面选择一个，并将最多上万亿个硬币投入其中。具体来说，浮点数的二进制位将被一分为二，其中一部分用于表示杯子或者说桶（bucket），而另一部分则用于表示桶中的硬币或者说偏移量。

尽管每个杯子能够容纳的最大硬币数量是一致的，但是每个杯子能够表示的数字却是各不相同的。有些杯子能够表示非常小的数字，而有些杯子却能够表示非常大的数字。通过控制杯子中的硬币数量可以让一些杯子以较高精度表示小范围的数字，或者以较低精度表示大范围的数字。

## 6.1 声明浮点类型变量

每个变量都有与之相关联的类型，其中声明和初始化实数变量就需要用到浮点类型。以下 3 行代码具有等同的作用，即使我们不为 days 变量指定类型，Go 编译器也会根据给定值推断出该变量的类型为 float64：

```
days := 365.2425
var days = 365.2425
var days float64 = 365.2425
```

在第 4 章中提到过的简短声明

虽然知道 day 变量的类型是有价值的，但通过 float64 类型声明凸显这一点并不是必需的。毕竟，无论是我们还是 Go 编译器，只要看一眼 days 变量右侧的值，就能够准确无误地推断出它的类型。在 Go 语言中，所有带小数点的数字在默认情况下都会被设置为 float64 类型。

**提示**　golint 工具能够提供代码风格方面的提示，它会通过以下消息阻止这种凌乱：

```
"should omit type float64 from declaration of var days;
it will be inferred from the right-hand side"
```

但是，如果使用整数去初始化一个变量，那么 Go 语言只有在显式地指定浮点类型的情况下，才会将其声明为浮点类型变量：

```
var answer float64 = 42
```

**速查 6-1**

变量 answer := 42.0 将被推断为何种类型？

**速查 6-1 答案**

初始值为实数的变量将被推断为 float64 类型。

### 6.1.1 单精度浮点数

Go 语言拥有两种浮点类型，其中默认的浮点类型为 float64，每个 64 位的浮点数需要占用 8 字节内存，很多语言都使用术语*双精度浮点数*来描述这种浮点数。

Go 语言提供的另一种浮点类型是 float32，又称*单精度浮点数*，它占用的内存只有 float64 类型占用内存的一半，但它提供的精度不如 float64 高。为了使用 float32 浮点数，你必须在声明变量时指定变量类型，就像代码清单 6-1 所示的那样。

**代码清单 6-1 64 位的浮点数和 32 位的浮点数：pi.go**

```
var pi64 = math.Pi
var pi32 float32 = math.Pi

fmt.Println(pi64)    // 打印出“3.141592653589793”
fmt.Println(pi32)    // 打印出“3.1415927”
```

在处理诸如三维游戏中的数千个顶点这样数量庞大的数据时，使用 float32 类型可以以牺牲精度为代价来降低内存占用，这种做法在一些情况下是有意义的。

**提示** 因为 math 包中的函数处理的都是 float64 类型的值，所以除非你有特殊理由，否则就应该优先使用 float64 类型。

**速查 6-2**

一个 float32 类型的单精度浮点数需要占用多少字节内存?

### 6.1.2 零值

在 Go 语言中，每种类型都有相应的默认值，我们将其称为零值（zero value）。正如代码清单 6-2 所示，当你声明一个变量但是却没有为它设置初始值的时候，该变量就会被初始化为零值。

**代码清单 6-2 声明一个没有值的变量：default.go**

```
var price float64
fmt.Println(price)    // 打印出“数字 0”
```

因为这个代码清单在声明 price 变量的时候没有为它设置值，所以 Go 语言将它初始

**速查 6-2 答案**

一个 float32 类型的值将占用 4 字节内存，也就是 32 位。

化为零值。对计算机来说，上述声明与以下声明是完全相同的：

```
price := 0.0
```

但是对程序员来说，这种差别却相当微妙。定义 price := 0.0 意味着免费，但是像代码清单 6-2 那样不为 price 设置值则更像是还没找到实际的价格。

**速查 6-3**

float32 类型的零值是什么？

## 6.2 打印浮点类型

在使用 Print 或者 Println 处理浮点类型的时候，函数默认将打印出尽可能多的小数位数。如果这并不是你想要的效果，那么你可以像代码清单 6-3 所示的那样，通过 Printf 函数的格式化变量%f 来指定被打印小数的位数。

**代码清单 6-3 格式化打印浮点数：third.go**

```
third := 1.0 / 3
fmt.Println(third)            ← 打印出“0.3333333333333333”
fmt.Printf("%v\n", third)     ←
fmt.Printf("%f\n", third)     ← 打印出“0.333333”
fmt.Printf("%.3f\n", third)   ← 打印出“0.333”
fmt.Printf("%4.2f\n", third)  ← 打印出“0.33”
```

格式化变量%f 将根据给定的宽度和精度格式化 third 变量的值，如图 6-1 所示。

格式化变量的精度用于指定小数点之后应该出现的数字数量，例如，%.2f 就表示小数点之后应该保留两位数字，如图 6-2 所示。

图 6-1 格式化变量%f

图 6-2 宽度为 4、精度为 2 的格式化输出

**速查 6-3 答案**

float32 类型的默认值为零（0.0）。

另外，格式化变量的宽度指定了打印整个实数（包括整数部分、小数部分和小数点在内）需要显示的最小字符数量（例如，0.33 的宽度就是 4）。如果用户给定的宽度比打印实数所需的字符数量要大，那么 Printf 将使用空格填充输出的左侧。在用户没有指定宽度的情况下，Printf 将按需调整打印实数所需的字符数量。

如果想使用数字 0 而不是空格来填充输出的左侧，那么只需要像代码清单 6-4 所示的那样，在宽度的前面加上一个 0 即可。

**代码清单 6-4 使用 0 进行填充：third.go**

```
fmt.Printf("%05.2f\n", third)        ← 打印出“00.33”
```

**速查 6-4**

1. 请将代码清单 6-3 键入至 Go Playground 中的 main 函数体中，并在 Printf 语句中尝试使用不同的宽度和精度。
2. 0015.1021 的宽度和精度分别是多少？

## 6.3 浮点精确性

正如 0.33 只是 1/3 的近似值一样，在数学上，某些有理数是无法精确地用小数形式表示的。那么自然地，对近似值进行计算也将产生一个近似结果，例如：

1/3 + 1/3 + 1/3 = 1

0.33 + 0.33 + 0.33 = 0.99

因为计算机硬件使用只包含 0 和 1 的二进制数而不是包含 0～9 的十进制数来表示浮点数，所以浮点数经常会受到舍入错误的影响。例如，

**速查 6-4 答案**

1.
```
third := 1.0 / 3
fmt.Printf("%f\n", third)        ← 打印出“0.333333”
fmt.Printf("%7.4f\n", third)     ← 打印出“0.3333”
fmt.Printf("%06.2f\n", third)    ← 打印出“000.33”
```

2. 宽度为 9，精度为 4，并且使用了零填充功能，格式化变量为"%09.4f"。

计算机虽然可以精确地表示 1/3，但是在使用这个数字和其他数字进行计算的时候却会引发舍入错误，就像代码清单 6-5 所示的那样。

**代码清单 6-5　浮点数的不精确例子：float.go**

```
third := 1.0 / 3.0
fmt.Println(third + third + third)      ←—— 打印出“1”

piggyBank := 0.1
piggyBank += 0.2
fmt.Println(piggyBank)      ←—— 打印出“0.30000000000000004”
```

正如所见，浮点数也许并不是表示金钱的最佳选择。解决这一问题的另一种做法是使用整数类型存储美分的数量，下一章将会对此进行介绍。

退一步来讲，因为我们的目标是存够去火星的旅行费，所以对于 piggyBank 其实也没有必要锱铢必较，把一两分钱看得那么重，它只要能完成基本的储蓄功能就可以了。为此，我们可以让 Printf 函数只打印小数点后两位小数，这样就可以简单快捷地把底层实现导致的舍入错误掩盖掉。

正如代码清单 6-6 和代码清单 6-7 中的温度转换代码所示，为了尽可能地减少舍入错误，我们还可以将乘法计算放到除法计算的前面执行，这种做法通常会得出更为精确的计算结果。

**代码清单 6-6　先执行除法计算：rounding-error.go**

```
celsius := 21.0
fmt.Print((celsius/5.0*9.0)+32, "° F\n")   | 打印出“69.80000000000001° F”
fmt.Print((9.0/5.0*celsius)+32, "° F\n")   |
```

**代码清单 6-7　先执行乘法计算：temperature.go**

```
celsius := 21.0
fahrenheit := (celsius * 9.0 / 5.0) + 32.0
fmt.Print(fahrenheit, "° F")      ←—— 打印出“69.8° F”
```

**速查 6-5**

避免舍入错误的最佳方法是什么？

**速查 6-5 答案**

不使用浮点数。

## 6.4 比较浮点数

注意，在代码清单 6-5 中，piggyBank 变量的值是 0.30000000000000004 而不是我们想要的 0.30。在比较浮点数的时候，必须小心：

```
piggyBank := 0.1
piggyBank += 0.2
fmt.Println(piggyBank == 0.3)        ← 打印出“false”
```

为了避免上述问题，我们可以另辟蹊径，不直接比较两个浮点数，而计算出它们之间的差，然后通过判断这个差的绝对值是否足够小来判断两个浮点数是否相等。为此，我们可以使用 math 包提供的 Abs 函数来计算 float64 浮点数的绝对值：

```
fmt.Println(math.Abs(piggyBank-0.3) < 0.0001)        ← 打印出“true”
```

**提示** 在执行单个操作时，引发浮点数错误的上限值被称为机械最小值（machine epsilon），对于 float64 类型，该值为 $2^{-52}$，而对于 float32 类型，该值为 $2^{-23}$。不幸的是，浮点数错误累积得相当快。例如，只需要把 11 个 10 分硬币（每个价值 0.10 美元）添加到一个全新的 piggyBank 里面，然后与 1.10 美元进行比较，它们之间的舍入误差就会超过机械最小值 $2^{-52}$。因此为了对浮点数进行比较，你必须像上例中设定的 0.0001 那样，根据自己的应用选择一个合适的容差。

**速查 6-6**

如果你将 11 个 10 美分硬币（每个价值 0.10 美元）添加到一个类型为 float64 的全新的 piggyBank 里面，那么最后的余额会是多少？

## 6.5 小结

- Go 可以自动推断出变量的类型。具体来说，对于初始值为实数的变量，Go 将推断出其类型为 float64。
- 浮点类型的应用范围非常广，但它的精确性在某些情况下是值得商榷的。
- 到目前为止，我们已经使用了 Go 提供的 15 种数值类型中的两种，它们分别是

**速查 6-6 答案**

```
piggyBank := 0.0
for i := 0; i < 11; i++ {
    piggyBank += 0.1
}
fmt.Println(piggyBank)        ← 打印出“1.0999999999999999”
```

`float64` 和 `float32`。

为了检验你是否已经掌握了上述知识，请尝试完成以下实验。

## 实验：piggy.go

请编写一个程序用于模拟存钱为朋友购买礼物的情景。这个程序会随机地往一个空的储钱罐存入 5 美分硬币（价值 0.05 美元）、10 美分硬币（价值 0.10 美元）和 25 美分硬币（价值 0.25 美元），直到存款超过 20.00 美元为止，并且在每次存款之后，它都会以适当的宽度和精度打印出格式化之后的当前余额。

7

LESSON

# 第 7 章　整数

## 本章学习目标

- 学会使用 10 种不同的整数类型
- 学会选择合适的类型
- 学会使用十六进制表示和二进制表示

Go 提供了 10 种类型用于表示整数，它们被统称为整数类型（integer）。整数类型不能存储分数，也不会出现浮点类型的精度问题，但因为每种整数类型的取值范围都各不相同，所以我们应该根据场景所需的取值范围来决定使用何种整数类型。

**请考虑这一点**

你可以用两个记号（token）表示多少个数字？

如果这两个记号可以按位置进行区分，那么它们将有 4 种可能的排列方式：两个标识都存在；两个标识都不存在；只有一个标识存在；只有另一个标识存在。这 4 种排列方式的每一种可以表示一个数字，因此两个记号最多可以表示 4 个数字。

与此类似，计算机使用二进制位表示数字，每个二进制位的值要么为 1，要么为 0，这两个值分别表示打开和关闭两种状态。基于上述排列原理，使用 8 个二进制位总共可以表示 256 个不同的值。按照这种方法计算，我们需要使用多少个二进制位才可以表示数字 4 000 000 000?

## 7.1 声明整数类型变量

在 Go 提供的众多整数类型当中，有 5 种整数类型是有符号（signed）的，这意味着它们既可以表示正整数，又可以表示负整数。在这些整数类型中，最常用的莫过于代表有符号整数的 int 类型了：

```
var year int = 2018
```

除有符号整数之外，Go 还提供了 5 种只能表示非负整数的无符号（unsigned）整数类型，其中的典型为 uint 类型：

```
var month uint = 2
```

因为 Go 在进行类型推断的时候总是会选择 int 类型作为整数值的类型，所以下面这 3 行代码的意义是完全相同的：

```
year := 2018
var year = 2018
var year int = 2018
```

**提示** 正如第 6 章的浮点类型例子所示，如果类型推断可以正确地为变量设置类型，那么我们就没有必要为其指定 int 类型。

**速查 7-1**

如果你的水杯里面有半杯水，你会选择哪种整数类型来表示水杯中的水有多少毫升呢？

### 7.1.1 为不同场合而设的整数类型

无论是有符号整数还是无符号整数，它们都有各种不同大小（size）的类型可供选择，而不同大小又会影响它们自身的取值范围以及内存占用。表 7-1 列出了 8 种与计算机架构无关的整数类型，以及这些类型需要占用的内存大小。

**速查 7-1 答案**

因为水杯中的水量不可能为负，所以你可以使用只能表示非负整数的无符号整数类型 uint 来表示水杯中的水量。

表 7-1 与计算机架构无关的整数类型

| 类型 | 取值范围 | 内存占用情况 |
| --- | --- | --- |
| int8 | –128 至 127 | 8 位（1 字节） |
| uint8 | 0 至 255 | 8 位（1 字节） |
| int16 | –32 768 至 32 767 | 16 位（2 字节） |
| uint16 | 0 至 65 535 | 16 位（2 字节） |
| int32 | –2 147 483 648 至 2 147 483 647 | 32 位（4 字节） |
| uint32 | 0 至 4 294 967 295 | 32 位（4 字节） |
| int64 | –9 223 372 036 854 775 808 至 9 223 372 036 854 775 807 | 64 位（8字节） |
| uint64 | 0 至 18 446 744 073 709 551 615 | 64 位（8 字节） |

正如表 7-1 所示，Go 提供了非常多的整数类型可供选择。本章稍后将会介绍其中一些类型的应用场景，并说明当程序超出类型的有效取值范围时会发生什么事情。

因为 int 类型和 uint 类型会根据目标硬件选择最合适的位长，所以它们未被包含在表 7-1 里面。举个例子，在诸如 Go Playground、Raspberry Pi 2 和旧款手机等 32 位架构上，int 和 uint 都是 32 位值，而较新的计算机都基于 64 位架构，所以这些架构上的 int 和 uint 都是 64 位值。

**提示** 如果你的程序需要操作 20 亿以上的数值并且可能会在 32 位架构上运行，那么请确保你使用的是 int64 类型或者 uint64 类型，而不是 int 类型或者 uint 类型。

**注意** 在某些架构上把 int 看作 int32，而在另一些架构上则把 int 看作 int64，这是一种非常想当然的想法，但这种想法实际上并不正确：int 不是其他任何类型的别名，int、int32 和 int64 实际上是 3 种不同的类型。

**速查 7-2**

哪种整数类型的值可以是–20 151 021?

**速查 7-2 答案**

int、int32 和 int64 类型的值都可以是–20 151 021。

### 7.1.2　了解类型

正如代码清单 7-1 所示，如果你对 Go 编译器推断的类型感到好奇，那么可以使用 Printf 函数提供的格式化变量%T 去查看指定变量的类型。

**代码清单 7-1　检视变量的类型：inspect.go**

```
year := 2018
fmt.Printf("Type %T for %v\n", year, year)
```

打印出“Type int for 2018”

为了避免在 Printf 函数中重复使用同一个变量两次，我们可以将[1]添加到第二个格式化变量%v 中，以此来复用第一个格式化变量的值 days，从而避免代码重复：

```
days := 365.2425
fmt.Printf("Type %T for %[1]v\n", days)
```

打印出“Type float64 for 365.2425”

**速查 7-3**

被双引号包围的文本、整数、实数以及（没有被双引号包围的）单词 true，你知道 Go 语言会为它们推断什么类型吗？请扩展代码清单 7-1，声明多个变量并为它们分别赋予上述提到的各个值，然后执行程序，看看 Go 语言会为它们推断何种类型。

## 7.2　为 8 位颜色使用 uint8 类型

层叠样式表（CSS）技术通过范围为 0～255 的红绿蓝三原色来指定画面上的颜色。因为 8 位无符号整数正好可以表示范围为 0～255 的值，所以使用 uint8 类型来表示层叠样式表中的颜色可以说是再合适不过了：

```
var red, green, blue uint8 = 0, 141, 213
```

**速查 7-3 答案**

```
a := "text"
fmt.Printf("Type %T for %[1]v\n", a)

b := 42
fmt.Printf("Type %T for %[1]v\n", b)

c := 3.14
fmt.Printf("Type %T for %[1]v\n", c)

d := true
fmt.Printf("Type %T for %[1]v\n", d)
```

打印出“Type string for text”

打印出“Type int for 42”

打印出“Type float64 for 3.14”

打印出“Type bool for true”

与最常见的 int 类型相比，使用 uint8 类型有以下好处。

- uint8 类型可以将变量的值限制在合法范围之内，与 32 位整数相比，uint8 消除了超过 40 亿种可能出现的错误值。
- 对于未压缩图片这种需要按顺序存储大量颜色的场景，使用 8 位整数可以节省大量内存空间。

## Go 语言中的十六进制数字

层叠样式表（CSS）通过十六进制数字而不是十进制数字来指定颜色。与十进制只使用 10 个数字相比，十六进制需要多用 6 个数字：其中前 10 个数字跟十进制一样，都是 0~9，但是之后的 6 个数字是十六进制数字 A ~ F。十六进制中的 A 相当于十进制中的 10，B 相当于 11，以此类推，直到相当于 15 的 F 为止。

十进制对拥有十根手指的人类来说是一种非常棒的数字系统，但与之相比，十六进制更适合计算机。这是因为一个十六进制数字需要消耗 4 个二进制位，也就是半字节（nibble），而 2 个十六进制数字则正好需要消耗 8 个二进制位，也就是 1 字节，这也使十六进制可以非常方便地为 uint8 设置值。

下表展示了一些十六进制数字以及与之对应的十进制数字。

**十六进制数字和十进制数字**

| 十六进制数字 | 十进制数字 |
| --- | --- |
| A | 10 |
| F | 15 |
| 10 | 16 |
| FF | 255 |

为了区分十进制数字和十六进制数字，Go 语言要求十六进制数字必须带有 0x 前缀。作为例子，以下两行代码分别用十进制数字和十六进制数字定义了完全相同的 3 个变量：

```
var red, green, blue uint8 = 0, 141, 213
var red, green, blue uint8 = 0x00, 0x8d, 0xd5
```

在使用 Printf 函数打印十六进制数字的时候，你可以使用%x 或者%X 作为格式化变量：

```
fmt.Printf("%x %x %x", red, green, blue)    ← 打印出“0 8d d5”
```

为了输出能够完美适配层叠样式表文件的颜色的数字，我们需要用到格式化变量%02x。它跟之前介绍过的格式化变量%v 和%f 一样，通过数字 2 指定了格式化输出的最小数字数量，并通过数字 0 启用了格式化的零填充功能：

```
fmt.Printf("color: #%02x%02x%02x;", red, green, blue)  ←  打印出“color: #008dd5; ”
```

速查 7-4

存储一个 uint8 类型的值需要用多少字节？

## 7.3 整数回绕

整数类型虽然不会像浮点类型那样因为舍入错误而导致不精确，但整数类型也有它们自己的问题，那就是有限的取值范围。在 Go 语言中，当超过整数类型的取值范围时，就会出现整数回绕（wrap around）现象。

例如，8 位无符号整数 uint8 类型的取值范围为 0～255，而针对该类型的增量操作在结果超过 255 时将回绕至 0。作为例子，代码清单 7-2 就通过执行增量操作触发了有符号和无符号 8 位整数的回绕现象。

代码清单 7-2 整数回绕：integers-wrap.go

```
var red uint8 = 255
red++
fmt.Println(red)         ← 打印出“0”

var number int8 = 127
number++
fmt.Println(number)      ← 打印出“-128”
```

### 7.3.1 聚焦二进制位

为了了解整数出现回绕的原因，我们需要将注意力放到二进制位上，为此需要用到格式化变量%b，它可以以二进制位的形式打印出相应的整数值。跟其他格式化变量一样，%b 也可以启用零填充功能并指定格式化输出的最小长度，就像代码清单 7-3 所示的那样。

**速查 7-4 答案**

存储一个（无符号）8 位整数只需要占用 1 字节内存空间。

**代码清单 7-3 打印二进制位：bits.go**

```
var green uint8 = 3
fmt.Printf("%08b\n", green)      ← 打印出“00000011”
green++
fmt.Printf("%08b\n", green)      ← 打印出“00000100”
```

**速查 7-5**

使用 Go Playground 试验整数回绕。

1. 代码清单 7-2 使用 1 作为 red 和 number 的增量，如果在执行增量运算时对这两个变量加入一个更大的数字，结果会怎么样？

2. 如果在 red 为 0 或者 number 等于-128 时对它们执行减量运算，结果又会怎么样？

3. 回绕不仅会在 8 位整数类型中出现，还会在 16 位、32 位以及 64 位整数类型中出现。请声明一个 uint16 类型的变量，并将该类型的最大值 65535 赋予该变量，然后将这个变量的值加 1，看看结果会怎么样？

**提示** math 包定义了值为 65535 的常量 math.MaxUint16，还有与架构无关的整数类型的最大值常量以及最小值常量。再次提醒一下，由于 int 类型和 uint 类型的位长在不同硬件上可能会有所不同，因此 math 包并没有定义这两种类型的最大值常量和最小值常量。

在代码清单 7-3 中，对 green 的值执行加 1 操作将导致 1 进位，而 0 则被留在原位，

**速查 7-5 答案**

1
```
// add a number larger than one
var red uint8 = 255
red += 2
fmt.Println(red)      ← 打印出“1”

var number int8 = 127
number += 3
fmt.Println(number)      ← 打印出“-126”
```
2
```
// wrap the other way
red = 0
red--
fmt.Println(red)      ← 打印出“255”

number = -128
number--
fmt.Println(number)      ← 打印出“127”
```
3
```
// wrapping with a 16-bit unsigned integer
var green uint16 = 65535
green++
fmt.Println(green)      ← 打印出“0”
```

最终计算得出二进制数 00000100，也就是十进制数 4，这个过程如图 7-1 所示。

```
   1 1
 00000011
+00000001
 00000100
```

图 7-1　在二进制加法中对 1 实施进位

正如代码清单 7-4 以及图 7-2 所示，在对值为 255 的 8 位无符号整数 blue 执行增量运算的时候，同样的进位操作将再次出现，但这次进位跟前一次进位有一个重要的区别：对只有 8 位的变量 blue 来说，最高位进位的 1 将“无处容身”，并导致变量的值变为 0。

代码清单 7-4　二进制位在整数回绕时的状态：bits-wrap.go

```
var blue uint8 = 255
fmt.Printf("%08b\n", blue)    // 打印出“11111111”
blue++
fmt.Printf("%08b\n", blue)    // 打印出“00000000”
```

```
1 1 1 1 1 1 1 1
 11111111
+00000001
 00000000
```

图 7-2　“无处容身”的进位

虽然回绕在某些情况下可能正好是你想要获得的状态，但是有时候也会成为问题。最简单的避免回绕的方法就是选用一种足够长的整数类型，使它能够容纳你想要存储的值。

**速查 7-6**

哪个格式化变量可以让你以二进制形式查看整数类型变量的值？

## 7.3.2　避免时间回绕

基于 Unix 的操作系统都使用协调世界时（UTC）1970 年 1 月 1 日以来的秒数来表示时间，但是这个秒数在 2038 年将超过 20 亿，也就是大致相当于 int32 类型的最大值。

---

**速查 7-6 答案**

格式化变量%b 可以以二进制形式输出整数的值。

幸运的是，虽然 32 位整数无法存储 2038 年以后的日期，但这个问题可以通过使用 64 位整数来解决：在任何平台上，使用 int64 类型和 uint64 类型都可以轻而易举地存储大于 20 亿的数字。

作为例子，代码清单 7-5 使用了一个超过 120 亿的巨大值来展示 Go 足以应对 2038 年后的日期。这段代码使用了来自 time 包的 Unix 函数，该函数接受两个 int64 类型的值作为参数，它们分别代表协调世界时 1970 年 1 月 1 日以来的秒数和纳秒数。

**代码清单 7-5 使用 64 位整数存储日期：time.go**

```
package main

import (
    "fmt"
    "time"
)
func main() {
    future := time.Unix(12622780800, 0)
    fmt.Println(future)
}
```

在 Go Playground 打印出“2370-01-01 00:00:00 +0000 UTC”

**速查 7-7**

使用哪种整数类型可以避免回绕？

## 7.4 小结

- 虽然 int 和 uint 是最常用的整数类型，但是在某些情况下，我们也会用到更长或者更短的类型。
- 除非回绕正是你需要的，否则就应该谨慎地选择合适的整数类型以避免回绕。
- 到目前为止，你已经使用了 Go 提供的 15 种数值类型中的 10 种，其中包括 int、int8、int16、int32、int64、uint、uint8、uint16、uint32 和 uint64。

为了检验你是否已经掌握了上述知识，请尝试完成以下实验。

**速查 7-7 答案**

为了避免回绕，必须使用一种足够长的整数类型，使它能够容纳你想要存储的值。

## 实验：piggy.go

请编写一个新的储钱罐程序，让它能够用整数记录存入的美分数量而不是美元数量，然后随机地将 5 美分、10 美分和 25 美分的硬币投入空白的储钱罐里面，直到存款超过 20 美元为止，并且以美元格式（如$1.05）打印出储钱罐在每次收到存款之后的当前余额。

**提示**　如果你想要计算出两个数相除的余数，那么可以使用取模操作符%。

# 第 8 章　大数

**本章学习目标**

- 学会通过使用指数来减少键入 0 的次数
- 学会使用 Go 的 big 包处理非常大的数
- 学会使用大常量和字面值

计算机编程经常需要权衡利弊，做相应的取舍和折中。例如，浮点数虽然可以存储任意大小的数字，但是有时候会不精确和不准确；相反，整数虽然准确，但是会受到取值范围的限制。本章将介绍两种备选方案，它们可以替代原生的 `float64` 类型和 `int` 类型，提供数值巨大并且计算精确的数字。

**请考虑这一点**

计算机的中央处理器（CPU）都会为整数运算和浮点数运算提供优化，并且这种优化有时候也适用于其他数值表示，例如，Go 就为本章介绍的大数提供了优化。

那么，在什么情况下，我们才会觉得整数太小，浮点数又太不精确，从而需要用到另一种适合的数值类型呢？

## 8.1　击中天花板

也许你没有意识到，64 位整数实际上比它的对应项 32 位整数要大得多。

例如，距离地球最近的恒星——半人马座阿尔法星（Alpha Centauri）与地球之间的距离就为 41.3 万亿公里。在数学上，1 万亿就是数字 1 后面跟着 12 个 0（也就是 $10^{12}$），因为这个数字是如此巨大，所以与其不辞劳苦地手动键入每一个 0，我们还不如直接以 Go 的指数形式写出这个数值，就像这样：

```
var distance int64 = 41.3e12
```

虽然 int32 类型和 uint32 类型都无法容纳如此大的数值，但使用 int64 类型存储这样的值却是绰绰有余的。在此之后，你就可以继续自己的工作，例如，像代码清单 8-1 那样，计算从地球飞行至半人马座阿尔法星所需的天数。

**代码清单 8-1　飞行至半人马座阿尔法星所需的天数：alpha.go**

```
const lightSpeed = 299792 // km/s
const secondsPerDay = 86400

var distance int64 = 41.3e12
fmt.Println("Alpha Centauri is", distance, "km away.")

days := distance / lightSpeed / secondsPerDay
fmt.Println("That is", days, "days of travel at light speed.")
```

打印出“Alpha Centauri is 41300000000000 km away.”

打印出“That is 1594 days of travel at light speed.”

尽管 64 位整数已经非常大了，但与整个宇宙相比，它们还是有些太渺小了。具体来说，即使是最大的无符号整数类型 uint64，它能存储的数值上限也仅为 18 艾（$10^{18}$）。对地球和仙女座星系（Andromeda Galaxy）之间的距离 24 艾来说，尝试使用 uint64 类型存储这一距离将引发溢出错误：

```
var distance uint64 = 24e18
```

24000000000000000000 将导致 uint64 类型溢出

虽然 uint64 无法处理这种非常大的数值，但是不用担心，因为我们还有其他选择。例如，使用前面介绍过的浮点类型就是一种不错的方法，毕竟你已经学习过浮点类型的使用方法了，所以这样做应该不会有任何困难。除浮点类型之外，我们还有另一种方法，那就是接下来一节将要介绍的 big 包。

**注意**　如果用户没有显式地为包含指数的数值变量指定类型，那么 Go 将推断其类型为 float64。

**速查 8-1**

火星与地球之间的距离介于 56 000 000 km 至 401 000 000 km 之间，请使用带有指数句法的整数表示这两个值。

**速查 8-1 答案**

```
var distance int = 56e6
distance = 401e6
```

## 8.2 big 包

big 包提供了以下 3 种类型。

- 存储大整数的 big.Int，它可以轻而易举地存储超过 18 艾的数字。
- 存储任意精度浮点数的 big.Float。
- 存储诸如 1/3 的分数的 big.Rat。

**注意** 除了使用现有的类型，用户还可以自行声明新类型，在第 13 章将对此进行介绍。

虽然地球与仙女座星系之间的距离足有 24 艾公里，但对 big.Int 类型来说，这不过是一个微不足道的数值，big.Int 完全有能力存储和操作它。

一旦决定使用 big.Int，就需要在等式的每个部分都使用这种类型，即使对已存在的常量来说也是如此。使用 big.Int 类型最基本的方法就是使用 NewInt 函数，该函数接受一个 int64 类型的值作为输入，返回一个 big.Int 类型的值作为输出：

```
lightSpeed := big.NewInt(299792)
secondsPerDay := big.NewInt(86400)
```

NewInt 虽然使用起来非常方便，但是它对创建 24 艾这种超过 int64 取值上限的大数来说并无帮助。为此，我们可以通过给定一个 string 来创建相应的 big.Int 类型的值：

```
distance := new(big.Int)
distance.SetString("240000000000000000000", 10)
```

这段代码在创建 big.Int 变量之后，会通过调用 SetString 方法来将它的值设置为 24 艾。另外，因为数值 24 艾是基于十进制的，所以传给 SetString 方法的第二个参数为 10。

**注意** 方法跟函数非常相似，本书将在第 13 章对方法进行详细的介绍。至于内置函数 new 则是为指针而设的，第 26 章将介绍这一主题。

正如代码清单 8-2 所示，在凑齐了计算所需的各个值之后，我们就可以使用 Div 方法去执行相应的除法操作，并在之后打印其结果。

**代码清单 8-2 飞行至仙女座星系所需的天数：andromeda.go**

```
package main
import (
    "fmt"
    "math/big"
)
func main() {
    lightSpeed := big.NewInt(299792)
```

```
    secondsPerDay := big.NewInt(86400)
    distance := new(big.Int)
    distance.SetString("24000000000000000000", 10)
    fmt.Println("Andromeda Galaxy is", distance, "km away.")
    seconds := new(big.Int)
    seconds.Div(distance, lightSpeed)
    days := new(big.Int)
    days.Div(seconds, secondsPerDay)
    fmt.Println("That is", days, "days of travel at light speed.")
}
```

打印出“Andromeda Galaxy is 24000000000000000000 km away.”

打印出“That is 926568346 days of travel at light speed.”

正如所见，像 big.Int 这样的大类型虽然能够精确表示任意大小的数值，但代价是使用起来比 int、float64 等原生类型要麻烦，并且运行速度也会相对较慢。

> **速查 8-2**
>
> 请用两种方式创建值为 86 400 的 big.Int 类型变量。

## 8.3　大小非同寻常的常量

常量声明可以跟变量声明一样带有类型，但是常量也无法用 uint64 类型存储像 24 艾这样的巨大值：

```
const distance uint64 = 24000000000000000000
```

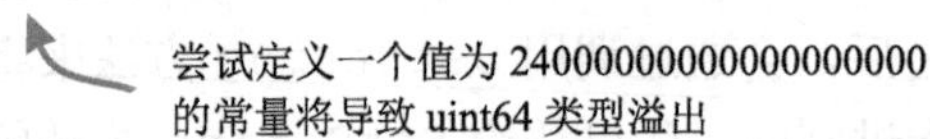

尝试定义一个值为 24000000000000000000
的常量将导致 uint64 类型溢出


但是，如果声明的是一个不带类型的常量，那么事情就会变得有趣起来。正如之前所述，如果在声明整数类型变量的时候没有显式地为其指定类型，那么 Go 将通过类型推断为其指定 int 类型，而当变量的值为 24 艾时，这一行为将导致 int 类型溢出。然而 Go 语言在处理常量时的做法与处理变量时的做法并不相同。具体来说，Go 语

---

**速查 8-2 答案**

创建 big.Int 的一种方式是使用 NewInt 函数：

```
secondsPerDay := big.NewInt(86400)
```

而另一种方式则是使用 SetString 方法：

```
secondsPerDay := new(big.Int)
secondsPerDay.SetString("86400", 10)
```

言不会为常量推断类型，而是直接将其标识为*无类型*（untyped）。例如，以下代码就不会引发溢出错误：

```
const distance = 24000000000000000000
```

常量通过关键字 `const` 进行声明，除此之外，程序里的每个字面量值（literal value）也都是常量。这意味着那些大小非同寻常的数值可以被直接使用，就像代码清单 8-3 所示的那样。

**代码清单 8-3 大小非同寻常的字面量：constant.go**

```
fmt.Println("Andromeda Galaxy is", 24000000000000000000/299792/86400, "light days
away.")
```

打印出“Andromeda Galaxy is 926568346 light days away.”

针对常量和字面量的计算将在编译时而不是程序运行时执行。正如代码清单 8-4 所示，因为 Go 的编译器就是用 Go 语言编写的，并且在底层实现中，无类型的数值常量将由 `big` 包提供支持，所以程序能够直接对超过 18 艾的数值常量执行所有常规运算。

**代码清单 8-4 大小非同寻常的数字常量：constant.go**

```
const distance = 24000000000000000000
const lightSpeed = 299792
const secondsPerDay = 86400

const days = distance / lightSpeed / secondsPerDay

fmt.Println("Andromeda Galaxy  is", days, "light days away.")
```

打印出“Andromeda Galaxy is 926568346 light days away.”

变量也可以使用常量作为值，只要变量的大小能够容纳常量即可。例如，虽然 `int` 类型的变量无法容纳 24 艾，但让它存储 926 568 346 还是没有任何问题的：

```
km := distance
days := distance / lightSpeed / secondsPerDay
```

常量 24000000000000000000 无法存储在 int 变量中

926568346 能够存储在 int 变量中

使用大小非同寻常的常量有一个需要注意的地方：尽管 Go 编译器使用 `big` 包处理无类型的数值常量，但常量与 `big.Int` 值是无法互换的。举个例子，虽然代码清单 8-2 可以正常打印出值为 24 艾的 `big.Int` 变量，但尝试直接打印值为 24 艾的 `distance` 常量将引发溢出错误：

```
fmt.Println("Andromeda Galaxy is", distance, "km away.")
```

常量 24000000000000000000 将引发 int 类型溢出

非常大的常量虽然很有用，但它们还是无法完全取代 big 包。

**速查 8-3**

针对常量和字面量的计算是在何时执行的？

## 8.4 小结

- 当原生类型无法存储非常大的值时，可以使用 big 包来代替它们。
- 无类型常量可以存储非常大的值，并且所有数值型字面量都是无类型常量。
- 无类型常量在被用作函数参数的时候，必须转换为有类型变量。

为了检验你是否已经掌握了上述知识，请尝试完成以下实验。

### 实验：cains.go

大犬座矮星系（Canis Major Dwarf）是目前已知的最接近地球的星系（不过有些人认为太阳也是一个星系），它和太阳之间的距离为 236 000 000 000 000 000 km，请使用常量将这个距离转换为光年。

**速查 8-3 答案**

Go 编译器会在编译期间对包含常量和字面量的等式进行求值。

# 第 9 章　多语言文本

**本章学习目标**

- 学会访问和操作单个字母
- 学会加密和解密机密消息
- 学会开发支持多语种的程序

我们从最初的"Hello, playground"开始就已经在程序里使用文本了。在 Go 程序中，独立的字母、数字和符号被统称为字符，而通过拼接多个字符并使用双引号包围起来，我们就得到了字符串字面量。

**请考虑这一点**

众所周知，计算机使用 0 和 1 来表示数值，那么它们是如何表示字母表和人类语言的呢？

如果你觉得计算机就是用数值来表示字符的，那么你猜对了！实际上，字母表中的每个字符都有相应的数字值，这意味着我们也可以像操纵数字那样来操纵字符，虽然这种做法有时候并不是那么直观。

因为每种书面语言的文字以及各式各样的表情符号加起来通常会有数千个字符之多，所以计算机在表示文本的时候使用了一些特殊技巧，从而使这种表示既节省存储空间又足够灵活。

## 9.1 声明字符串变量

因为 Go 语言会把用双引号包围的字面值推断为 string 类型，所以以下 3 行代码的作用是相同的：

```
peace := "peace"
var peace = "peace"
var peace string = "peace"
```

如果你声明了一个变量但是没有为它赋值，那么 Go 语言将使用变量类型的零值对其进行初始化，而 string 类型的零值就是空字符串""：

```
var blank string
```

### 原始字符串字面量

字符串字面量可以包含转义字符，如第 2 章提到的\n。如果你想要的是字符\n 本身而不是一个新的文本行，那么你可以像代码清单 9-1 所示的那样，使用反引号（`）而不是双引号（"）来包围文本。使用反引号包围的字符串被称为*原始字符串字面量*。

**代码清单 9-1 原始字符串字面量：raw.go**

```
fmt.Println("peace be upon you\nupon you be peace")
fmt.Println(`strings can span multiple lines with the \n escape sequence`)
```

执行这段代码将产生以下输出：

```
peace be upon you
upon you be peace
strings can span multiple lines with the \n escape sequence
```

跟普通字符串字面量不同的是，原始字符串字面量可以在代码里面跨越多个文本行，就像代码清单 9-2 所示的那样。

**代码清单 9-2 跨越多行的原始字符串字面量：raw-lines.go**

```
fmt.Println(`
    peace be upon you
    upon you be peace`)
```

执行这段代码将产生以下输出，并且字符串中用于缩进的制表符也被正确地打印了出来：

```
        peace be upon you
        upon you be peace
```

正如代码清单 9-3 所示，无论是字符串字面量还是原始字符串字面量，最终都将变成字符串。

代码清单 9-3 字符串类型：raw-type.go

```
fmt.Printf("%v is a %[1]T\n", "literal string")   ← 打印出 "literal string is a string"
fmt.Printf("%v is a %[1]T\n", `raw string literal`)   ← 打印出 "raw string literal is a string"
```

**速查 9-1**

如果你现在想要表示 Windows 系统的文件路径 `C:\go`，那么你是打算使用字符串字面量还是原始字符串字面量呢？原因是什么？

## 9.2 字符、代码点、符文和字节

统一码联盟（Unicode Consortium）把名为代码点的一系列数值赋值给了上百万个独一无二的字符。例如，大写字母 A 的代码点为 65，而笑脸表情☺的代码点则为 128515。

Go 语言提供了 `rune`（符文）类型用于表示单个统一码代码点，该类型是 `int32` 类型的别名。

除此之外，Go 语言还提供了 `uint8` 类型的别名 `byte`，这种类型既可以表示二进制数据，又可以表示由美国信息交换标准代码（ASCII）定义的英文字符（历史悠久的 ASCII 包含 128 个字符，它是统一码的子集）。

**类型别名**

因为类型别名实际上就是同一类型的不同名字，所以 `rune` 和 `int32` 是可以互换的。尽管 `byte` 和和 `rune` 从一开始就出现在了 Go 里面，但是从 Go 1.9 开始，用户也可以自行声明类型别名，就像这样：

```
type byte = uint8
type rune = int32
```

正如代码清单 9-4 所示，`byte` 和 `rune` 跟它们为之创建别名的整数类型具有完全相同的表现。

代码清单 9-4 `rune` 和 `byte`：rune.go

```
var pi rune = 960
var alpha rune = 940
```

**速查 9-1 答案**

因为使用字符串字面量"`C:\go`"会由于未知转义字符错误而导致执行失败，所以这里必须使用原始字符串字面量`` `C:\go` ``。

```
var omega rune = 969
var bang byte = 33
fmt.Printf("%v %v %v %v\n", pi, alpha, omega, bang)    ← 打印出“960 940 969 33”
```

为了打印出字符而不是数字值本身，我们可以在 Printf 中使用格式化变量%c 而不是%v：

```
fmt.Printf("%c%c%c%c\n", pi, alpha, omega, bang)    ← 打印出“πάω!”
```

**提示**　虽然任意一种整数类型都可以使用格式化变量%c，但是通过使用别名 rune 可以表明数字 960 代表字符而不是数字。

为了免除用户记忆统一码代码点的烦恼，Go 提供了相应的字符字面量句法。用户只需要像'A'这样使用单引号将字符包围起来，就可以取得该字符的代码点。如果用户声明了一个字符变量却没有为其指定类型，那么 Go 将推断该变量的类型为 rune，因此以下 3 行代码将是等效的：

```
grade := 'A'
var grade = 'A'
var grade rune = 'A'
```

虽然 rune 类型代表的是一个字符，但它实际存储的仍然是数字值，因此 grade 变量存储的仍然是大写字母'A'的代码点，也就是数字 65。除 rune 之外，字符字面量也可以搭配别名 byte 一同使用：

```
var star byte = '*'
```

**速查 9-2**

1. 美国信息交换标准代码（ASCII）对多少个字符进行了编码？
2. byte 是哪种类型的别名，rune 又是哪种类型的别名？
3. 星号*、笑脸☺和重音 é 的代码点分别是多少？

**速查 9-2 答案**

1. 128 个字符。
2. byte 是 uint8 类型的别名，而 rune 则是 int32 类型的别名。
3. 

```
var star byte = '*'
fmt.Printf("%c %[1]v\n", star)    ← 打印出* 42
smile := '☺'
fmt.Printf("%c %[1]v\n", smile)    ← 打印出☺128515
acute := 'é'
fmt.Printf("%c %[1]v\n", acute)    ← 打印出 é 233
```

## 9.3　拉弦

虽然木偶戏艺人可以通过拉弦操纵提线木偶，但 Go 的字符串并不容易被操纵。具体来说，我们虽然可以将不同字符串赋值给同一个变量，但是无法对字符串本身进行修改：

```
peace := "shalom"
peace = "salām"
```

与此类似，我们的程序虽然可以独立访问字符串中的单个字符，但是不能修改这些字符。代码清单 9-5 展示了如何通过方括号 [] 指定指向字符串的索引，从而达到访问指定 ASCII 字符的目的，字符串索引以 0 为起始值。

**代码清单 9-5　通过索引获取字符串中的指定字符：index.go**

```
message := "shalom"
c := message[5]
fmt.Printf("%c\n", c)      ← 打印出 "m"
```

Ruby 中的字符串和 C 中的字符数组允许被修改，而 Go 中的字符串与 Python、Java 和 JavaScript 中的字符串一样，都是不可变的，你不能修改 Go 中的字符串：

```
message[5] = 'd'      ← 无法赋值给 message[5]
```

> **速查 9-3**
>
> 请编写一个程序，使它打印出字符串"shalom"中的每一个 ASCII 字符，并使每个字符独占一行。

## 9.4　使用凯撒加密法处理字符

在 2 世纪，发送机密消息的一个有效方法就是对每个字母进行位移，使得'a'变为'd'，'b'变为'e'，依次类推。这样处理产生的结果看上去就像是一门外语：

> L fdph, L vdz, L frqtxhuhg.
>
> ——尤利乌斯 · 凯撒（Julius Caesar）

---

**速查 9-3 答案**

```
message := "shalom"
for i := 0; i < 6; i++ {
    c := message[i]
    fmt.Printf("%c\n", c)
}
```

正如代码清单9-6所示，使用计算机以数值方式处理字符是非常容易的。

**代码清单9-6　处理单个字符：caesar.go**

```
c := 'a'
c = c + 3
fmt.Printf("%c", c)    ← 打印出“d”
```

然而，代码清单9-6展示的方法并不完美，因为它没有考虑该如何处理字符'x'、'y'和'z'，所以它无法对xylophones、yaks和zebras这样的单词实施加密。为了解决这个问题，最初的凯撒加密法采取了回绕措施，也就是将'x'变为'a'、'y'变为'b'，而'z'则变为'c'。对于包含26个字符的英文字母表，我们可以通过这段代码实现上述变换：

```
if c > 'z' {
    c = c - 26
}
```

凯撒密码的解密方法跟加密方法正好相反，程序不再是为字符加上3而是减去3，并且它还需要在字符过小也就是c < 'a'的时候，将字符加上26以实施回绕。虽然上述的加密方法和解密方法都非常直观，但由于它们都需要处理字符边界以实现回绕，因此实际的编码过程将变得相当痛苦。

**速查9-4**

如果变量c的值为'g'，那么表达式c = c - 'a' + 'A'的结果是什么？

## 现代变体

回转13（rotate 13，简称ROT13）是凯撒密码在20世纪的一个变体，该变体跟凯撒密码的唯一区别就在于，它给字符添加的量是13而不是3，并且ROT13的加密和解密可以通过同一个方法实现，这是非常方便的。

**速查9-4答案**

这个表达式会将小写字母转换为大写字母：

```
c := 'g'
c = c - 'a' + 'A'
fmt.Printf("%c", c)    ← 打印出“G”
```

现在，假设搜寻地外文明计划（Search for Extra-terrestrial Intelligence, SETI）的相关机构在外太空扫描外星人通信信息的时候，发现了包含以下消息的广播：

```
message := "uv vagreangvbany fcnpr fgngvba"
```

我们有预感，这条消息很可能是使用 ROT13 加密的英文文本，但是在解密这条消息之前，我们还需要知悉其包含的字符数量，这可以通过内置的 len 函数来确定：

```
fmt.Println(len(message))     ← 打印出"30"
```

**注意** Go 拥有少量无须导入语句即可使用的内置函数，len 函数即是其中之一，它可以测定各种不同类型的值的长度。例如，在上面的代码中，len 返回的就是 string 类型的字节长度。

代码清单 9-7 展示的就是外太空消息的解密程序，你只需要在 Go Playground 运行这段代码，就会知道外星人在说什么了。

**代码清单 9-7 ROT13 消息解密：rot13.go**

```
message := "uv vagreangvbany fcnpr fgngvba"

for i := 0; i < len(message); i++ {     ← 迭代字符串中的每一个 ASCII 字符
    c := message[i]
    if c >= 'a' && c <= 'z' {     ← 只解密英文字母，至于空格和标点符号则保持不变
        c = c + 13
        if c > 'z' {
            c = c - 26
        }
    }
    fmt.Printf("%c", c)
}
```

注意，这段代码中的 ROT13 实现只能处理 ASCII 字符（字节），它无法处理用西班牙语或者俄语撰写的消息，不过接下来的一节将会给出这个问题的解决方案。

**速查 9-5**

1. 向内置的 len 函数传递一个字符串会发生什么？
2. 请在 Go Playground 中键入并运行代码清单 9-7，看看外星人到底说了什么？

**速查 9-5 答案**

1. len 函数将返回字符串的字节长度。
2. 外星消息解密之后的内容为：hi international space station。

## 9.5　将字符串解码为符文

有好几种方式可以为统一码代码点编码，而 Go 中的字符串使用的 UTF-8 编码就是其中的一种。UTF-8 是一种高效的可变长度的编码方式，它可以用 8 个、16 个或者 32 个二进制位为单个代码点编码。在可变长度编码方式的基础上，UTF-8 沿用了 ASCII 字符的编码，从而使得 ASCII 字符可以直接转换为相应的 UTF-8 编码字符。

**注意**　UTF-8 在互联网的字符编码领域占据统治地位，该编码由 Ken Thompson 于 1992 年发明，Ken 同时也是 Go 的设计者之一。

代码清单 9-7 展示的 ROT13 程序只会单独访问 `message` 字符串的每个字节（8 位），但是没有考虑到各个字符可能会由多个字节组成（如 16 位或 32 位）。因此这个程序只能处理英文字符（ASCII 字符），但是无法处理俄文或者西班牙文。不过这个问题并不难解决，我的朋友（amigo）。

为了让 ROT13 能够支持多种语言，程序首先要做的就是在处理字符之前先将它们解码为 `rune` 类型。幸运的是，Go 正好提供了解码 UTF-8 编码的字符串所需的函数和语言特性。

正如代码清单 9-8 所示，`utf8` 包提供了实现上述想法所需的两个函数，其中 `RuneCountInString` 函数能够以符文而不是以字节为单位返回字符串的长度，而 `DecodeRuneInString` 函数则能够解码字符串的首个字符并返回解码后的符文占用的字节数量。

**注意**　Go 跟很多编程语言不同的一点在于，Go 允许函数返回多个值，这一特性将在第 12 章进行介绍。

**代码清单 9-8　utf8 包：spanish.go**

```
package main
import (
    "fmt"
    "unicode/utf8"
)
func main() {
    question := "¿Cómo estás?"
    fmt.Println(len(question), "bytes")            ← 打印出“15 bytes”
    fmt.Println(utf8.RuneCountInString(question), "runes")   ← 打印出“12 runes”

    c, size := utf8.DecodeRuneInString(question)
    fmt.Printf("First rune: %c %v bytes", c, size)   ← 打印出“First rune: ¿ 2 bytes”
}
```

正如代码清单 9-9 所示，Go 语言提供的关键字 `range` 不仅可以迭代各种不同的收集器（在第 4 单元中介绍），它还可以解码 UTF-8 编码的字符串。

**代码清单 9-9 从字符串中解码出符文：spanish-range.go**

```
question := "¿Cómo estás?"

for i, c := range question {
    fmt.Printf("%v %c\n", i, c)
}
```

在每次迭代中，变量 i 都会被赋值为字符串的当前索引，而变量 c 则会被赋值为该索引上的代码点（rune）。

如果你不需要在迭代的时候获取索引，那么只要使用 Go 的空白标识符_（下划线）来省略它即可：

```
for _, c := range question {
    fmt.Printf("%c ", c)        ← 打印出“¿ C ó m o e s t á s ?”
}
```

**速查 9-6**

1. 英文字母表“abcdefghijklmnopqrstuvwxyz”里面有多少个符文，它们总共需要占用多少字节？
2. 符文'¿'需要占用多少字节？

## 9.6 小结

- 在使用反引号`包围的原始字符串字面量中，像\n 这样的转义字符将原样保留，不作转义。
- 字符串是不可变的，用户可以独立访问字符串中的每个字符，但是不能修改它们。
- 字符串使用 UTF-8 可变长度编码，每个字符需要占用 1～4 字节内存空间。
- byte 是 uint8 类型的别名，而 rune 则是 int32 类型的别名。
- 关键字 range 可以将 UTF-8 编码的字符串解码为符文。

为了检验你是否已经掌握了上述知识，请尝试完成以下实验。

**速查 9-6 答案**

1. 英文字母表总共包含 26 个符文，这些符文总共需要占用 26 字节。
2. 符文'¿'需要占用 2 字节。

## 实验：caesar.go

请编写一个凯撒密码的解密程序，它需要把大写字母和小写字母向左移动 3 位，也就是把字符减去 3。除此之外，程序还需要把'a'转换为'x'、'b'转换为'y'、'c'转换为'z'，并对大写字母做同样的处理。完成这个程序之后，请使用它解密尤利乌斯·凯撒说的这段话：

> L fdph, L vdz, L frqtxhuhg.
>
> ——尤利乌斯·凯撒（Julius Caesar）

## 实验：international.go

请修改代码清单 9-7 展示的 ROT13 程序，使用关键字 range 迭代字符串，并在修改完成之后使用它加密西班牙文消息“Hola Estación Espacial Internacional”。如果一切正常的话，修改后的 ROT13 程序应该能在处理西班牙文时保留字符的重音。

# 第 10 章　类型转换

**本章学习目标**

- 学会在数值、字符串和布尔值之间实施类型转换

前面几章介绍了布尔值、字符串以及各式各样的数值类型。如果你拥有的变量分属不同的类型，那么在使用它们之前，必须先将它们转换成相同的类型。

**请考虑这一点**

假设你现在身处食品店，手上拿着一张配偶给你的购物单。购物单上写的第一件东西是奶，但你应该买牛奶、杏仁奶还是大豆奶呢？应该买有机的、脱脂的、1%的、2%的、全脂的、脱水的还是浓缩的呢？要买多少加仑？你会打电话询问配偶，还是自己做选择呢？

如果你事无巨细地询问你的配偶，那么他/她可能会因此而生气。“亲爱的，你是想要卷心莴苣还是直立莴苣呢？想要黄褐色的还是红色的土豆？噢，对了，还有重量，是要 5 磅还是 10 磅呢？”相反的是，如果你自作主张地拿着巧克力牛奶和炸薯条回家，那么你就等着跪键盘吧。

请把这个场景中的配偶想象成程序员，并把其中的“你”想象成编译器，设身处地地想一下，Go 编译器在处理程序员给定的代码时，应该采取何种措施才能正确理解程序员的意思。

## 10.1　类型不能混合使用

变量的类型决定了它能够执行的操作，例如，数值类型可以执行加法运算，而字符串类

型则可以执行拼接操作，诸如此类。通过加法操作符，可以将两个字符串拼接在一起：

```
countdown := "Launch in T minus " + "10 seconds."
```

但是，如果尝试拼接数值和字符串，那么 Go 编译器将报告一个错误：

```
countdown := "Launch in T minus " + 10 + " seconds."
```

无效操作：不匹配的类型（字符串和整数）

### 在其他语言中混合使用多种类型

有些编程语言在程序员同时给定两种或多种不同类型的值时，会尽可能地猜测程序员的意图。例如，JavaScript 和 PHP 都可以执行将字符串"10"减去数字 1 的操作：

```
"10" - 1
```

在 JavaScript 和 PHP 中，这个表达式将返回 9

但如果想要在 Go 语言中对上述表达式求值，就必须先将字符串"10"转换为整数类型，否则 Go 编译器将返回一个类型不匹配错误。虽然 strconv 包的 Atoi 函数可以执行上述转换，但它在给定 string 没有包含合法数字时也会返回一个错误。加上错误处理代码之后，使用 Go 实现上述计算总共需要用到 4 行代码，让人觉得略显麻烦。

但如果"10"是用户输入或者外部源输入，那么就算是 JavaScript 和 PHP 也一样需要检查该输入是否为合法数字。在这种情况下，它们与 Go 所需的代码行数则相差无几。

对实施隐式类型转换的语言来说，不能熟记各种隐式转换规则的人将难以预测代码行为。例如，对于以下表达式，Java 和 JavaScript 的加法运算符+将隐式地把数字转换为字符串然后执行拼接操作，而 PHP 的隐式转换则会把字符串转换为数字然后执行加法操作：

```
"10" + 2
```

这个表达式在 Java 和 JavaScript 中将返回"102"，但是在 PHP 中则会返回 12

但是对 Go 来说，这个表达式只会引发一个类型不匹配错误。

尝试混合使用整数类型和浮点类型同样会引发类型不匹配错误。在 Go 中，整数将被推断为整数类型，而诸如 365.2425 这样的实数则会被表示为浮点类型：

```
age := 41
marsDays := 687
earthDays := 365.2425
fmt.Println("I am", age*earthDays/marsDays, "years old on Mars.")
```

变量 age 和 marsDays 都是整数类型

变量 earthDays 为浮点类型

无效操作：类型不匹配

如果上述代码中的 3 个变量都是整数，那么计算将会顺利进行，可惜 earthDays 的值并不是 365 而是更为精确的 365.2425。或者，如果变量 age 和 marsDays 都是浮点类型并且它们的值分别为 41.0 和 687.0，那么上述计算也将顺利进行。Go 不会对你的意图做任何假设，你必须通过显式的类型转换来解决这个问题，接下来的一节将对此进行介绍。

**速查 10-1**

Go 语言是如何处理"10"-1 的?

## 10.2 数字类型转换

类型转换的用法非常简单。举个例子，如果你想把整数类型变量 age 转换为浮点类型以执行计算，那么只需要使用与新类型同名的函数来包裹该变量即可：

```
age := 41
marsAge := float64(age)
```

虽然 Go 语言不允许混合使用不同类型的变量，但是通过类型转换，代码清单 10-1 中的计算将会顺利进行。

**代码清单 10-1 计算作者在火星上的年龄：mars-age.go**

```
age := 41
marsAge := float64(age)

marsDays := 687.0
earthDays := 365.2425
marsAge = marsAge * earthDays / marsDays
fmt.Println("I am", marsAge, "years old on Mars.")
```

打印出“I am 21.797587336244543 years old on Mars.”

我们除可以将整数转换为浮点数之外，还可以将浮点数转换为整数，不过在这个过程中，浮点数小数点之后的数字将直接被截断而不会做任何舍入：

```
fmt.Println(int(earthDays))
```

打印出“365”

除整数和浮点数之外，有符号整数和无符号整数，以及各种不同长度的类型之间都需要进行类型转换。诸如 int8 转换为 int32 那样，从取值范围较小的类型转换为取值范围较大的类型总是安全的，但其他方式的类型转换则存在风险。例如，因为一个 uint32 变量的值最大可以是 40 亿，而一个 int32 变量的值最大只能是 20 亿，所以并不是所有 uint32 值都能安全转换为 int32 值。与此类似，因为 int 类型可以包含负整数，而 uint 类型不能包含负整数，所以只有值为非负整数的 int 变量才能安全转换为 uint 变量。

Go 语言之所以要求用户在代码中显式地进行类型转换，原因之一就是为了让我们在使

**速查 10-1 答案**

Go 编译器将返回一个错误：invalid operation: "10" - 1 (mismatched types string and int)。

用类型转换的时候三思而后行，想清楚转换可能引发的后果。

**速查 10-2**

1. 请写出将变量 red 转换为无符号 8 位整数的代码。
2. 比较操作 age > marsAge 的结果是什么？

## 10.3　类型转换的危险之处

1996 年，无人驾驶火箭阿丽亚娜 5 号偏离了预定的飞行路径，在发射仅 40 秒之后就解体并爆炸。调查报告显示，此次事故是由于程序在将 float64 类型转换为 int16 类型时，转换结果超过了 int16 能够容纳的最大值 32 767 所致。未经处理的转换错误让飞行控制系统失去了定向数据，最终导致火箭偏离航向、解体并自毁。

尽管我们既没有看过阿丽亚娜 5 号的代码，也不是火箭科学家，但不妨让我们看看 Go 会如何处理相同情况下的类型转换。具体来说，只要转换结果像代码清单 10-2 那样处于合法范围之内，程序就不会出现任何问题。

**代码清单 10-2　阿丽亚娜类型转换：ariane.go**

```
var bh float64 = 32767
var h = int16(bh)
fmt.Println(h)
```

待办事项：在这里添加一些高深莫测的火箭科学技术

另外，如果 bh 的值为 32768，那么它将无法存储在 int16 类型的变量里面，至于转换结果则和我们在前面几章中看到的一样：整数类型变量将出现回绕行为，并成为 int16 能够表示的最小值-32768。

可惜的是，阿丽亚娜 5 号使用的 Ada 语言的行为跟此处阐述的回绕行为并不相同，前者

**速查 10-2 答案**

1. 使用表达式 uint8(red) 即可。
2. 因为 age 变量的类型为 int，而 marsAge 变量的类型则为 float64，所以这次比较将引发一个类型不匹配错误。

在将 float64 类型转换为 int16 类型时可能会得出一个超出范围的值，从而导致软件异常。根据事故报告显示，这一特定的计算只在火箭升空之前有意义，因此 Go 的处理方式在这种情况下可能更为恰当一些，但一般来说最妥善的做法还是应该避免不正确的数据。

通过 math 包提供的最小常量和最大常量，我们可以检测出将值转换为 int16 类型是否会得到无效值：

```
if bh < math.MinInt16 || bh > math.MaxInt16 {
    // 处理超出范围的值
}
```

**注意** 因为 math 包提供的最小常量和最大常量都是无类型的，所以程序可以直接使用浮点数 bh 去跟整数 MaxInt16 做比较。关于无类型常量的信息在第 8 章已经介绍过。

**速查 10-3**

请写出一段代码，用于判断变量 v 是否处于无符号 8 位整数的合法范围当中。

## 10.4 字符串转换

正如代码清单 10-3 所示，我们可以像转换数字类型时那样，使用相同的类型转换语法将 rune 或者 byte 转换为 string。最终的转换结果跟我们之前在第 9 章使用格式化变量%c 将符文和字节显示成字符时得到的结果是一样的。

**代码清单 10-3 将 rune 转换为 string：rune-convert.go**

```
var pi rune = 960
var alpha rune = 940
var omega rune = 969
var bang byte = 33

fmt.Print(string(pi), string(alpha), string(omega), string(bang))
```

打印出“πάω!”

正如之前所述，因为 rune 和 byte 不过分别是 int32 和 uint8 的别名而已，所以将数字代码点转换为字符串的方法实际上适用于所有整数类型。

**速查 10-3 答案**

```
v := 42
if v >= 0 && v <= math.MaxUint8 {
    v8 := uint8(v)
    fmt.Println("converted:", v8)
}
```

打印出“converted: 42”

跟上述情况相反，为了将一串数字转换为 string，我们必须将其中的每个数字都转换为相应的代码点，这些代码点从代表字符 0 的 48 开始，到代表字符 9 的 57 结束。手工处理这种转换是非常麻烦的，好在我们可以直接使用 strconv（代表“string conversion”，也就是“字符串转换”）包提供的 Itoa 函数来完成这一工作，就像代码清单 10-4 所示的那样。

**代码清单 10-4 将整数转换为 ASCII 字符：itoa.go**

```
countdown := 10

str := "Launch in T minus " + strconv.Itoa(countdown) + " seconds."
fmt.Println(str)
```

打印出“Launch in T minus 10 seconds.”

**注意** Itoa 是“integer to ASCII”也就是“将整数转换为 ASCII 字符”的缩写。统一码是老旧的 ASCII 标准的超集，这两种标准开头的 128 个代码点是相同的，它们包含了（上例中用到的）数字、英文字母和常见的标点符号。

将数值转换为字符串的另一种方法是使用 Sprintf 函数，它的作用与 Printf 函数基本相同，唯一的区别在于 Sprintf 函数会返回格式化之后的 string 而不是打印它：

```
countdown := 9
str := fmt.Sprintf("Launch in T minus %v seconds.", countdown)
fmt.Println(str)
```

打印出“Launch in T minus 9 seconds.”

另外，如果我们想把字符串转换为数值，那么可以使用 strconv 包提供的 Atoi（代表“ASCII to integer”，也就是“将 ASCII 字符转换为整数”）函数。需要注意的是，因为字符串里面可能包含无法转换为数字的奇怪文字，或者一个非常大以至于无法用整数类型表示的数字，所以 Atoi 函数有可能会返回相应的错误：

```
countdown, err := strconv.Atoi("10")
if err != nil {
    // 哎呀，有地方出问题了
}
fmt.Println(countdown)
```

打印出“10”

如果函数返回的 err 变量的值为 nil，那么说明没有发生问题，一切 OK。我们将在第 28 章更深入地了解错误处理这一错综复杂、危机四伏的主题。

**速查 10-4**

请说出两个能够将整数转换为字符串的函数。

**速查 10-4 答案**

Itoa 函数和 Sprintf 函数都可以将整数转换为字符串。

**静态类型**

在 Go 语言中，变量一旦被声明，它就有了类型并且无法改变它的类型。这种机制被称为*静态类型*，它能够简化编译器的优化工作，从而使程序的运行速度变得更快。尝试在 Go 里面使用同一个变量操纵多个不同类型的值将引发 Go 编译器报告错误：

```
var countdown = 10
countdown = 0.5
countdown = fmt.Sprintf("%v seconds", countdown)
```

错误：countdown 变量只能存储整数。

与静态类型相反，JavaScript、Python 和 Ruby 等语言都采用了名为*动态类型*的机制。在动态类型语言中，每个值都拥有与之相关联的类型，而变量则能够持有任何类型的值，因此它们将允许 countdown 变量在程序执行的过程中改变自己的类型。

不过世事无绝对，Go 也提供了一些特殊的机制来应对类型不确定的情况，例如，Println 函数能够接受字符串和数值这两种类型作为输入，第 12 章将对此做更详细的解释。

## 10.5　转换布尔值

Print 系列的函数可以将布尔值 true 和 false 打印成相应的文本，例如，代码清单 10-5 就展示了如何使用 Sprintf 函数将布尔变量 launch 转换为文本。或者说，如果你想将布尔值转换为数字值或者其他文本，那么一个简单的 if 语句应该就能满足你的要求了。

**代码清单 10-5　将布尔值转换为字符串：launch.go**

```
launch := false

launchText := fmt.Sprintf("%v", launch)
fmt.Println("Ready for launch:", launchText)

var yesNo string
if launch {
    yesNo = "yes"
} else {
    yesNo = "no"
}
fmt.Println("Ready for launch:", yesNo)
```

打印出“Ready for launch: false”

打印出“Ready for launch: no”

因为 Go 允许我们直接将条件比较的结果赋值给变量，所以跟上述转换相比，将字符串转换为布尔值的代码会更为简单，就像代码清单 10-6 所示的那样。

**代码清单 10-6　将字符串转换为布尔值：tobool.go**

```
yesNo := "no"
```

```
launch := (yesNo == "yes")
fmt.Println("Ready for launch:", launch)
```

打印出“Ready for launch: false”

没有提供专门的布尔类型的编程语言通常会使用数字 0 和空字符串""来表示 false，并使用数字 1 和非空字符串来表示 true。但是在 Go 语言中，布尔值并没有与之相等的数字值或者字符串值，因此尝试使用 string(false)、int(false)这样的方法来转换布尔值，或者尝试使用 bool(1)、bool("yes")等方法来获取布尔值，Go 编译器都会报告错误。

**速查 10-5**

请写出一段代码，它能够将布尔值转换为整数，其中 true 转换为 1 而 false 转换为 0。

## 10.6 小结

- 显式的类型转换能够避免编程中的歧义。
- strconv 包提供了一些函数，它们可以将字符串转换为其他类型，或者将其他类型转换为字符串。

为了检验你是否已经掌握了上述知识，请尝试完成以下实验。

### 实验：input.go

请编写程序，将一系列字符串转换为布尔值：

- 将字符串"true"、"yes"和"1"转换为 true；
- 将字符串"false"、"no"和"0"转换为 false。
- 对其他值打印出一条错误消息。

**提示** 正如第 3 章介绍的那样，switch 语句的每个 case 分支都可以接受多个值。

---

**速查 10-5 答案**

通过 if 语句可以实现指定的转换：

```
launch := true

var oneZero int
if launch {
    oneZero = 1
} else {
    oneZero = 0
}
fmt.Println("Ready for launch:", oneZero)
```

打印出“Ready for launch: 1”

11

LESSON

# 第 11 章　单元实验：维吉尼亚加密法

维吉尼亚加密法（Vigenère cipher）是凯撒加密法（Caesar cipher）在 16 世纪的一个变体。在这次的单元实验中，我们将编写一个能够根据关键字对文本进行解密的程序。

在介绍维吉尼亚加密法之前，我们不妨先来回顾一下之前介绍过的凯撒加密法：凯撒加密法通过将文本信息中的每个字母后移 3 位来实现加密，并通过将加密信息中的每个字母前移 3 位来实现解密。

现在，如果我们为每个英文字母都赋予一个数字值，其中 A = 0，B = 1，依次类推，直到 Z = 25 为止，那么就可以使用字母 D（D = 3）来表示步进为 3 的位移。

举个例子，为了解密图 11-1 中的加密文本，我们首先需要对字母 L 实施位移 D，因为 L = 11 且 D = 3，所以这一位移的结果为 11−3 = 8，得出解密后的字母 I。同样，如果被加密的字母为 A，那么我们就需要像第 9 章介绍过的那样，在位移时实施回绕并得出解密后的字母 X。

| L | F | D | P | H | L | V | D | Z | L | F | R | Q | T | X | H | U | H | G |
|---|---|---|---|---|---|---|---|---|---|---|---|---|---|---|---|---|---|---|
| D | D | D | D | D | D | D | D | D | D | D | D | D | D | D | D | D | D | D |

图 11-1　凯撒加密法

凯撒加密法和 ROT13 都很容易受到频率分析的影响。诸如 E 这种在英语中经常出现的字母，在加密文本中出现的次数也会更多。这样一来，只要找出加密文本中各个字母出现的规律，就能够破解加密文本。

为了阻挠潜在的密码破译者，维吉尼亚加密法选择了基于重复的关键字而不是像 3 或者 13 这样的固定值来对字母实施位移，而被选中的关键字则会被重复使用直到整个文本都被加密完毕为止。作为例子，图 11-2 就展示了一个使用 GOLANG 作为关键字的维吉尼亚加密的例子。

| C | S | O | I | T | E | U | I | W | U | I | Z | N | S | R | O | C | N | K | F | D |
|---|---|---|---|---|---|---|---|---|---|---|---|---|---|---|---|---|---|---|---|---|
| G | O | L | A | N | G | G | O | L | A | N | G | G | O | L | A | N | G | G | O | L |

图 11-2 维吉尼亚加密法

在弄懂了维吉尼亚加密法的运作方式之后，你可能会注意到关键字为 D 的维吉尼亚加密等同于凯撒加密，而关键字为 N（N = 13）的维吉尼亚加密则等同于 ROT13 加密。这意味着为了达到更好的加密效果，我们必须使用更长的关键字，而不是仅仅使用单个字母。

## 实验：decipher.go

请编写一个维吉尼亚解密程序，并解密图 11-2 中展示的加密文本。为简单起见，我们暂时只考虑加密文本和关键字都是大写英文字母的情形。

```
cipherText := "CSOITEUIWUIZNSROCNKFD"
keyword := "GOLANG"
```

- `strings.Repeat` 函数对于实现这个解密程序可能会有所帮助，你可以去了解一下它。不过在编写解密程序的时候，请不要使用除 `fmt` 包之外的其他任何包（`fmt` 包需要用来打印解密文本）。
- 请分别以“使用关键字 `range`”和“不使用关键字 `range`”两种方式实现解密程序的主循环。再次提醒，关键字 `range` 会把字符串拆分为一个个符文，而访问诸如 `keyword[0]`这样的索引返回的却是字节。

**提示** 因为 Go 程序只允许对相同类型的值执行操作，所以你可以在有需要的时候，在 `string`、`byte` 和 `rune` 之间进行转换。

- 之前在编写凯撒加密程序的时候，我们为了在字母表的边界实现回绕，在代码中使用了比较操作符。这一次，请通过取模运算符`%`，在不使用任何 `if` 语句的情况下实现解密程序。

**提示** 如果你还记得的话，取模运算符将计算出两数相除的余数。例如，`27 % 26` 的结果为 `1`，它可以将结果保持在 0～25。不过在处理负数的时候需要小心，因为-3 % 26 的结果仍然为-3。

在完成这个解密程序之后，请看一看“习题答案”中提供的参考答案，对比一下两个程序的不同之处，然后再通过 Go Playground 的 Share 按钮，把你的解密程序的链接发布到本书附属的论坛。

维吉尼亚加密法的加密方法并不比解密方法困难，与解密时使用已加密字母减去关键字字母的做法正好相反，加密程序只需要将纯文本消息字母加上关键字字母即可完成加密。

## 实验：cipher.go

为了发送加密消息，请编写一个使用关键字对纯文本消息进行加密的维吉尼亚加密程序：

```
plainText := "your message goes here"
keyword := "GOLANG"
```

加分项：在对给定的纯文本消息进行加密之前，我们可以使用 strings.Replace 函数移除消息中的空格，并使用 strings.ToUpper 函数将消息中的字母转换为大写字母，这样一来我们就不必手动完成这两项工作了。

在对消息进行加密之后，我们可以使用相同的关键字对加密文本进行解密，以此来验证加密程序是否正确。

请使用"GOLANG"作为关键字对消息进行加密，并将加密后的消息发送至本书附属的论坛。

**注意**　免责声明：虽然维吉尼亚加密法非常有趣，但是请不要用它来加密重要信息，毕竟在 21 世纪有很多更安全的加密方法可供选择。

# 第 3 单元　构建块

编程就是通过化整为零，将不可能变成可能。

——Jazzwant

函数是计算机程序的构建块。当你调用诸如 Printf 这样的函数来格式化并显示值的时候，最终显示在屏幕上的像素实际上是由 Go 以及操作系统中的多个函数层层传递而成的。

你也可以通过编写自己的函数来组织代码、复用功能并在更小的局部代码中思考具体的问题。

此外，通过学习如何在 Go 中声明函数和方法，你将有能力探索 Go 标准库及其文档提供的丰富功能。

# 第 12 章　函数

**本章学习目标**

- 认识函数声明的各个组成部分
- 学会编写可复用的函数以构建更大型的程序

在前面几章中，我们已经使用过一些标准库函数，而本章首先要做的就是查看这些函数的文档。

接着我们将会学习如何声明函数，并在熟悉相关句法之后，为气象站程序编写相应的函数。漫游者环境监测站（Rover Environmental Monitoring Station, REMS）会收集火星表面的天气数据，而我们要做的就是为该项目开发组件，如温度转换函数等。

**请考虑这一点**

制作三明治听上去似乎很简单，但其实涉及非常多的步骤：把生菜洗干净，把番茄切成片，等等。你甚至还可以亲自收割谷物，把它们研磨成面粉，最后做成面包，或者直接由农夫和面包师向你提供上述食材。

你可以把制作三明治过程中的每个步骤都分解为独立的函数，这样一来，如果以后你需要为制作比萨而将番茄切成片，那么就可以直接复用已有的函数。

除烹饪之外，你的日常生活中还有什么东西可以分解为函数？

## 12.1　函数声明

Go 在标准库文档中列出了标准库的每个包中声明的函数，其中不乏一些相当有用的函数，但是由于篇幅限制，我们无法在这里一一介绍它们。

为了将标准库中的函数应用到我们的项目中，我们通常需要阅读函数在文档中的声明，从而学会如何调用它们。在这一节，我们将仔细研读 Intn、Unix、Atoi、Contains 和 Println 的函数声明，而其中阐述的知识对于今后探究其他标准库函数以及自行编写函数都是非常有用的。

我们曾经在第 2 章使用过 Intn 函数来生成伪随机数。你可以通过访问 Go 官方标准库的 math/rand 包或者直接搜索 Intn 来查找该函数。

rand 包中的 Intn 函数的声明如下：

```
func Intn(n int) int
```

下面是一个使用 Intn 函数的例子：

```
num := rand.Intn(10)
```

图 12-1 标识了 Intn 函数声明的各个组成部分以及调用该函数的语法。关键字 func 告知 Go 这是一个函数声明，之后跟着的是首字母大写的函数名 Intn。

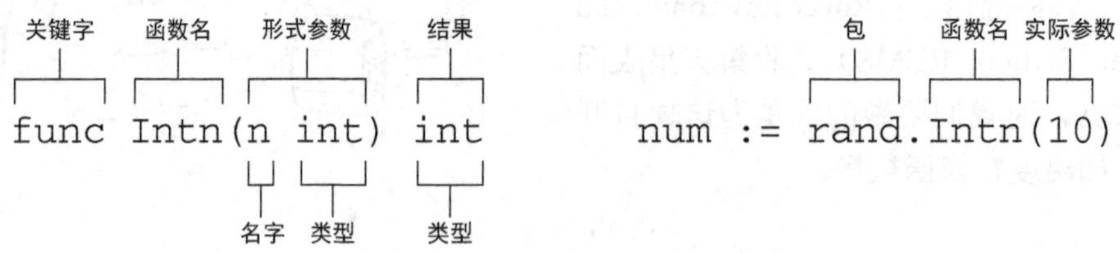


图 12-1　Intn 函数的声明与调用

在 Go 中，以大写字母开头的函数、变量以及其他标识符都会被导出并对其他包可用，反之则不然。例如，虽然 rand 包也包含一些以小写字母开头的函数，但这些函数是无法从外部进行访问的。

Intn 函数接受单个形式参数（简称形参）作为输入，并且形参的两边用括号包围。形参的声明跟变量的声明一样，都是变量名在前，变量类型在后：

```
var n int
```

在调用 Intn 函数时，整数 10 将作为单个的实际参数（简称实参）被传递，并且实参的两边也需要用括号包围。传入单个实参正好符合 Intn 函数只有单个形参的预期，但如果我们以无实参方式调用函数，或者实参的类型不为 int，那么 Go 编译器将报告一个错误。

**提示** 形参和实参是数学术语，它们之间有一些细微的区别。简单来说，函数接受形参并通过实参被调用，但是有时候人们也会交换使用这些术语。

Init 函数在执行之后将返回一个 int 类型的伪随机整数作为结果。这个结果会被回传至调用者，然后用于初始化新声明的变量 num。

虽然 Intn 函数只接受单个形参，但函数也可以通过以逗号分隔的列表来接受多个形参。如果你对第 7 章还有印象的话，那么你可能还记得 time 包中的 Unix 函数就接受两个 int64 形参，它们分别代表 1970 年 1 月 1 日以来经过的秒数和纳秒数。这个函数的声明是这样子的：

```
func Unix(sec int64, nsec int64) Time
```

以下则是使用两个实参调用 Unix 函数的例子，其中两个实参分别对应函数声明中的形参 sec 和 nsec：

```
future := time.Unix(12622780800, 0)
```

Unix 函数将返回一个 Time 类型的结果。多亏了类型推断，调用 Unix 函数的代码不需要指定结果的类型，否则，代码看上去就太啰嗦了。

**注意** 第 13 章将展示如何声明像 time.Time 和 big.Int 这样的新类型。

time 包声明并导出了以大写字母开头的 Time 类型，就像 Unix 函数一样。这种通过大写字母表明被导出标识符的做法，使 Time 类型能够为其他包所用这一点变得一目了然。

正如之前所述，Unix 函数接受两个同类型的形参，它的文档言之凿凿地记录了这一点：

```
func Unix(sec int64, nsec int64) Time
```

不过在声明函数的时候，如果多个形参拥有相同的类型，那么我们只需要把这个类型写出来一次即可：

```
func Unix(sec, nsec int64) Time
```

这种简化是可选的，不过它也见诸其他地方，如 strings 包的 Contains 函数，它同样接受两个 string 类型的形参：

```
func Contains(s, substr string) bool
```

**提示** Go 官方标准库网站中的文档有时候会给出可展开的代码示例，并且 Go 的相关示例网站也提供了额外的例子可供参考。如果你是以边学边做的方式在学习 Go 语言，那么这些示例应该会对你非常有帮助。

Go 函数不仅能够接受多个形参，它还能够返回多个值。前面的第 10 章就曾经用 strconv 包中的 Atoi 函数展示过这一特性——这个函数会尝试将给定的字符串转换为数值，然后返回两个值。在以下这行代码中，返回的两个值将分别被赋予 countdown 变量和 err 变量：

```
countdown, err := strconv.Atoi("10")
```

strconv 包的文档记录了 Atoi 函数的声明方式：

```
func Atoi(s string) (i int, err error)
```

跟函数的形参一样，函数的多个返回值也需要用括号包围，其中每个返回值的名字在前而类型在后。不过在声明函数的时候也可以把返回值的名字去掉，只保留类型：

```
func Atoi(s string) (int, error)
```

**注意** error 类型是内置的错误处理类型，第 28 章将对其作深入的介绍。

我们从开篇至今一直使用的 Println 函数是一个更为独特的函数，因为它不仅可以接受一个、两个甚至多个形参，而且这些形参的类型还可以各不相同，其中就包括整数和字符串：

```
fmt.Println("Hello, playground")
fmt.Println(186, "seconds")
```

Println 函数在文档中的声明看上去可能会显得有些古怪，因为它使用了我们尚未了解的特性：

```
func Println(a ...interface{}) (n int, err error)
```

初看上去，Println 函数好像只能接受 a 这一个形参，但我们已经看到过使用多个实参调用 Println 函数的例子了。具体来说，我们实际上可以向 Println 函数传递可变数量的实参，形参中的省略号...表明了这一点。Println 用专门的术语来讲就是一个可变参数函数，而其中的形参 a 则代表传递给该函数的所有实参。第 18 章将对可变参数函数作更详细的介绍。

另外需要注意的是，形参 a 的类型为 interface{}，也就是所谓的空接口类型，我们在第 24 章才会介绍接口，现在，我们只需要知道这种特殊类型可以让 Println 函数接受 int、float64、string、time.Time 以及其他任何类型的值作为参数而不会引发 Go 编译器报错即可。

通过写出...interface{}来组合使用可变参数函数和空接口，Println 函数将能够接受任意多个任意类型的实参，这样它就可以完美地打印出我们传递给它的任何东西了。

**注意** 到目前为止，我们忽略了 Println 函数返回的两个值，但忽略可能出现的错误是一种不好的习惯，第 28 章将介绍如何妥善地处理错误。

**速查 12-1**

1. 调用函数时使用的是实参还是形参?
2. 在声明函数时，函数接受的是实参还是形参?
3. 诸如 Contains 这样的首字母大写的函数与诸如 contains 这样的首字母小写的函数之间有什么区别?
4. 函数声明中的省略号...代表什么意思?

## 12.2 编写函数

到目前为止，本书中的代码都放在了 main 函数里面，但是在处理诸如环境监测程序等更为大型的程序时，把问题拆分成更小的部分将会非常有用。使用多个不同的函数组织代码能够令代码更易于理解、复用和维护。

传感器显示的温度数据应该使用人类能够理解的单位。假设传感器基于开氏温标提供数据，其中 0°K 为绝对零度，也就是理论上的最低温度。代码清单 12-1 展示了一个将开氏度转换至摄氏度的函数。在定义了这个转换函数之后，我们就可以在每次需要进行同样的温度转换时复用该函数。

**代码清单 12-1 将开氏度转换为摄氏度：kelvin.go**

```
package main
import "fmt"
// kelvinToCelsius 函数会将开氏度转换为摄氏度
func kelvinToCelsius(k float64) float64 {
    k -= 273.15
    return k
```

声明一个函数，它接受单个形参并返回单个值

**速查 12-1 答案**

1. 调用函数时使用的是实参。
2. 在声明函数时，函数接受的是形参。
3. 首字母小写的函数只能在声明该函数的包中使用，而首字母大写的函数则会被导出并为其他包所用。
4. 函数声明中带有省略号...意味着该函数是一个可变参数函数，它可以接受任意多个实参。

```
}
func main() {
    kelvin := 294.0
    celsius := kelvinToCelsius(kelvin)
    fmt.Print(kelvin, "°K is ", celsius, "°C")
}
```

调用函数并传递开氏度作为实参

打印出“294°K is 20.850000000000023°C”

代码清单 12-1 中展示的 kelvinToCelsius 函数接受一个形参，它的名字为 k 而类型为 float64。这个函数的注释也遵循了 Go 语言的惯例，它先写下了函数的名字，然后再介绍函数的具体行为。

除此之外，kelvinToCelsius 函数还会通过关键字 return，将一个 float64 类型的值返回给调用者，而它的调用者 main 函数则会将其用于初始化 celsius 变量。

另外需要注意的是，在同一个包中声明的函数在调用彼此时不需要加上包名作为前缀。

**隔离是一件好事**

代码清单 12-1 中的 kelvinToCelsius 函数与其他函数没有任何关系，它的唯一输入就是它接受的形参，而它的唯一输出就是它返回的结果。这个函数不会修改外部状态，也就是俗称的*无副作用*函数，这种函数最容易理解、测试和复用。

kelvinToCelsius 函数虽然修改了变量 k，但 k 和 kelvin 都是完全独立的变量，在函数内部为 k 赋予新值不会对 main 函数中的 kelvin 变量产生任何影响。因为形参 k 将使用实参 kelvin 的值进行初始化，所以我们把这种行为称为*传值*。传值有助于构建函数之间的边界，使得各个函数可以相互隔离。

注意，虽然我们为形参和实参设置了不同的名字，但即使它们拥有相同的名字，传值行为也会生效。

除此之外，得益于变量作用域的限制，kelvinToCelsius 函数中的变量 k 跟其他函数中的同名变量没有任何关系。正如第 4 章所述，函数声明中的形参和函数体中声明的变量都具有*函数作用域*。即使两个变量具有完全相同的名字，但只要它们的声明位于不同的函数当中，它们就是完全独立的。

**速查 12-2**

将代码拆分为函数有什么好处?

**速查 12-2 答案**

函数不仅可以复用，它们还可以通过函数作用域隔离变量，并为被执行的动作提供名称，从而使代码更易于理解和追踪。

## 12.3 小结

- 声明函数需要提供函数名、形参列表和返回值列表。
- 名称中首字母大写的函数和类型将被导出并为其他包所用。
- 函数声明中的每个形参和返回值都由名字后跟类型组成，如果多个形参或者返回值具有相同的类型，那么类型只需要给出一次即可。此外，函数声明中的返回值也可以省略名字，而只给出类型。
- 除调用同一个包中声明的函数之外，调用外部包声明的函数都需要使用相应的包名作为前缀。
- 调用函数时需要根据其接受的形参给予相应的实参，至于函数的执行结果则会通过关键字 `return` 返回给调用者。

为了检验你是否已经掌握了上述知识，请尝试完成以下实验。

### 实验：functions.go

请将代码清单 12-1 中的代码键入 Go Playground，并在此基础上声明额外的温度转换函数。

- 复用 `kelvinToCelsius` 函数，将 233°K 转换为相应的摄氏度。
- 编写并使用 `celsiusToFahrenheit` 温度转换函数。提示：摄氏度转换为华氏度的公式为：(c × 9.0/5.0) + 32.0。
- 编写 `kelvinToFahrenheit` 函数，看看它能否将 0°K 转换为约–459.67°F。

你可以在新的函数中复用 `kelvinToCelsius` 函数或者 `celsiusToFahrenheit` 函数，或者在不复用这两个函数的情况下另辟蹊径编写独立的函数，这两种方法都是完全可行的。

# 第 13 章　方法

**本章学习目标**

- *学会声明新类型*
- *学会将函数重写为方法*

*方法*跟函数很相似，它可以通过附加行为来增强类型。在学习如何声明方法之前，我们需要先学习如何声明类型。作为例子，我们将把第 12 章中的 `kelvinToCelsius` 函数转换为相应的类型和方法。

初看上去，方法似乎只是用另一种语法把函数做过的事情重新做一遍。对于本章来说，这种说法在某种程度上是正确的，因为我们只是通过方法把之前的代码以更漂亮的方式重新组织一遍，但是在之后的几章中，特别是在第 5 单元的几章中，我们将会看到如何通过同时使用方法和其他语言特性来获得崭新的能力，那才是方法大显身手的时候。

**请考虑这一点**

即使同样是键入数字，在计算器和打字机上执行这一动作产生的预期行为也是完全不同的。正如第 10 章所示，Go 也内置了一些功能，如+，它们在处理数值和文本等不同类型时也会产生不同的行为。

在某些情况下，我们需要表示全新的类型并为它捆绑相应的行为。例如，用 `float64` 类型表示温度计上的温度有点过于一般化了，而狗的 `bark()`（吠叫）行为跟树的树皮（bark）又完全不同。函数在组织代码方面有自己的一席之地，但类型和方法提供了另一种有用的方式，使得我们可以更好地组织代码并表示周遭的世界。

在开始学习本章之前，请环顾四周，思考你身边都有些什么类型，而这些类型的行为又是什么。

## 13.1 声明新类型

Go 声明了许多类型，我们在第 2 单元已经看到过其中的相当一部分，但是这些类型有时候并不能充分地描述我们想要持有的值。声明新类型不仅能够让代码变得更加清晰，还可以有效地预防错误。

例如，温度作为一种度量值，它的单位应该是摄氏、华氏或者开尔文。程序虽然可以使用 `float64` 类型作为温度的底层表示，但是直接把 `float64` 类型看作等同于温度并不是一个好主意。

正如代码清单 13-1 所示，关键字 `type` 可以通过一个名字和一个底层类型来声明新的类型。

**代码清单 13-1　摄氏类型：celsius.go**

```
type celsius float64                    ← 底层类型为 float64
var temperature celsius = 20
fmt.Println(temperature)                ← 打印出“20”
```

因为数字字面量 20 跟其他数字字面量一样都是*无类型常量*，所以无论是 `int` 类型、`float64` 类型或者其他任何数字类型的变量，都可以将这个字面量用作值。与此同时，虽然 `celsius` 类型是一种全新的数字类型，但是由于它与 `float64` 具有相同的行为和表示，因此代码清单 13-1 中的赋值操作能够顺利执行。

正如代码清单 13-2 所示，除赋值之外，我们还可以对温度执行加法运算，并把它当作 `float64` 值那样使用。

**代码清单 13-2　与 `float64` 具有相同行为的摄氏类型：celsius-addition.go**

```
type celsius float64
const degrees = 20
var temperature celsius = degrees
temperature += 10
```

虽然 `celsius` 类型跟它的底层类型 `float64` 具有相同的行为，但因为 `celsius` 是一种独特的类型而非第 9 章中提到的类型别名，所以尝试把 `celsius` 和 `float64` 放在一起使用将引发类型不匹配错误：

```
var warmUp float64 = 10
temperature += warmUp                   ← 无效操作：类型不匹配
```

加上 `warmUp` 之前，程序必须先将它转换为 `celsius` 类型，这样加法运算才能够正常执行：

```
var warmUp float64 = 10
temperature += celsius(warmUp)
```

通过自定义新类型能够极大地提高代码的可读性和可靠性。正如代码清单 13-3 所示，因为 celsius 和 fahrenheit 是两种不同的类型，所以它们是无法一起执行比较操作和加法运算的。

**代码清单 13-3　不同类型是无法混用的**

```
type celsius float64
type fahrenheit float64

var c celsius = 20
var f fahrenheit = 20

if c == f {
}

c += f
```

无效操作：celsius 和 fahrenheit 类型不匹配

**速查 13-1**

声明诸如 celsius 和 fahrenheit 这样的新类型有什么好处？

## 13.2　引入自定义类型

上一节通过声明新的 celsius 和 fahrenheit 类型，将温度领域的相关术语带入代码，并且降低了底层存储表示的重要性。使用 float64 或者 float32 表示温度通常无法有效地表明变量包含的值，而诸如 celsius、fahrenheit 和 kelvin 这样的类型却能够一目了然地表达它们的目的。

在声明新类型之后，你就可以像使用 int、float64、string 等预声明 Go 类型那样，将新类型应用到包括函数形参和返回值在内的各种地方，代码清单 13-4 展示的就是其中一个例子。

**代码清单 13-4　使用自定义类型的函数：temperature-types.go**

```
package main
```

**速查 13-1 答案**

使用新类型可以更好地描述变量持有的值，就像使用 celsius 而不是 float64 可以更好地描述摄氏度一样。除此之外，独立的类型也可以有效地避免不合理的错误，例如，对华氏度值和摄氏度值执行加法运算等。

```
import "fmt"

type celsius float64
type kelvin float64

// kelvinToCelsius converts °K to °C
func kelvinToCelsius(k kelvin) celsius {
    return celsius(k - 273.15)          ← 类型转换是必需的
}
func main() {
    var k kelvin = 294.0               ← 实参必须为 kelvin 类型
    c := kelvinToCelsius(k)
    fmt.Print(k, "°K is ", c, "°C")    ← 打印出"294°K is 20.850000000000023°C"
}
```

kelvinToCelsius 函数只接受 kelvin 类型的实参，这有助于避免不合理的错误。它不会接受类型错误的实参，如 fahrenheit、kilometers 甚至是 float64。不过因为 Go 是一门实用的语言，所以它仍然接受字面量或者无类型常量作为实参，这样你就可以编写 kelvinToCelsius(294)而不是 kelvinToCelsius(kelvin(294))了。

另外需要注意的是，因为 kelvinToCelsius 接受的是 kelvin 类型的实参，但是返回的是 celsius 类型的值，所以它在返回计算结果之前必须先将返回值的类型转换为 celsius 类型。

**速查 13-2**

请编写一个 clesiusToKelvin 函数，并在函数中使用代码清单 13-4 定义的 celsius 类型和 kelvin 类型。之后，请将月球表面被太阳照射时的温度 127℃转换为相应的开尔文温度。

## 13.3 通过方法为类型添加行为

他的胡言乱语竟有方法自圆其说。

——莎士比亚，《哈姆雷特》

**速查 13-2 答案**

```
func celsiusToKelvin(c celsius) kelvin {
    return kelvin(c + 273.15)
}

func main() {
    var c celsius = 127.0
    k := celsiusToKelvin(c)
    fmt.Print(c, "°C is ", k, "°K")    ← 打印出"127°C is 400.15°K"
}
```

数十年以来，传统的面向对象语言总是说方法属于类，但 Go 不是这样做的：它提供了方法，但是并没有提供类和对象。乍一看，这种做法似乎有些奇怪，甚至可以说有点儿疯狂，但实际上 Go 的方法比以往其他语言的方法都要灵活。

使用 kelvinToCelsius、celsiusToFahrenheit、fahrenheitToCelsius、celsiusToKelvin 这样的函数虽然也能够完成温度转换工作，但是通过声明相应的方法并把它们放置到属于自己的地方，能够让温度转换代码变得更加简洁明了。

我们可以将方法与同一个包中声明的任何类型相关联，但是不能为 int 和 float64 之类的预声明类型关联方法。其中，声明类型的方法在前面已经介绍过了：

```
type kelvin float64
```

kelvin 类型跟它的底层类型 float64 具有相同的行为，我们可以像处理浮点数那样，对 kelvin 类型的值执行加法运算、乘法运算以及其他操作。此外，声明一个将 kelvin 转换为 celsius 的方法就跟声明一个具有同等作用的函数一样简单——它们都以关键字 func 开头，并且函数体跟方法体完全一样：

```
func kelvinToCelsius(k kelvin) celsius {      ← kelvinToCelsius 函数
    return celsius(k - 273.15)
}
func (k kelvin) celsius() celsius {           ← kelvin 类型的 celsius 方法
    return celsius(k - 273.15)
}
```

如图 13-1 所示，celsius 方法虽然没有接受任何形参，但它的名字前面却有一个类似形参的接收者。每个方法和函数都可以接受多个形参，但一个方法必须并且只能有一个接收者。在 celsius 方法体中，接收者的行为就跟其他形参一样。

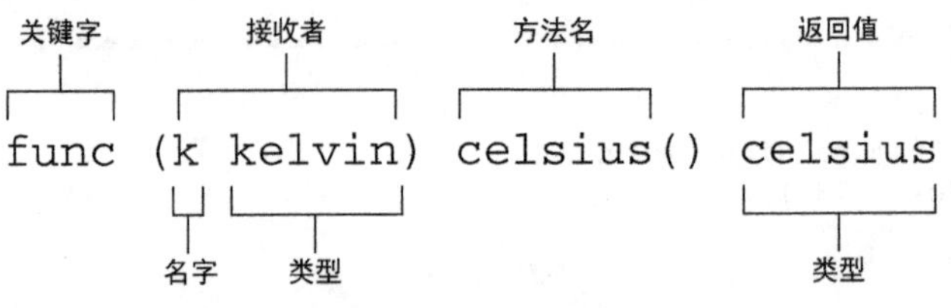


图 13-1　方法声明

除声明语法有些许不同之外，调用方法的语法与调用函数的语法也不一样：

```
var k kelvin = 294.0
var c celsius

c = kelvinToCelsius(k)    ← 调用 kelvinToCelsius 函数
c = k.celsius()    ← 调用 celsius 方法
```

跟调用其他包中的函数一样，调用方法也需要用到**点记号**。以上面的代码为例，在调用方法的时候，程序首先需要给出正确类型的变量，接着是一个点号，最后才是被调用方法的名字。

既然温度转换操作现在已经是 kelvin 类型的方法，那么继续使用 kelvinToCelsius 这样的名字就没有必要了。在同一个包里面，如果一个名字已经被函数占用了，那么这个包就无法再定义同名的类型，因此在使用函数的情况下，我们将无法使用 celsius 函数返回 celsius 类型的值。然而，如果我们使用的是方法，那么每种温度类型都可以具有自己的 celsius 方法，就像以下展示的 fahrenheit 类型一样：

```
type fahrenheit float64

// celsius 方法会将华氏度转换为摄氏度
func (f fahrenheit) celsius() celsius {
    return celsius((f - 32.0) * 5.0 / 9.0)
}
```

通过让每种温度类型都具有相应的 celsius 方法以转换为摄氏温度，我们可以创造出一种完美的对称。

**速查 13-3**

请标识出这个方法声明中的接收者：func (f fahrenheit) celsius() celsius。

## 13.4 小结

- 使用自定义类型能够让代码变得更易读且更可靠。
- 方法就像是跟特定类型相关联的函数，其中被关联的类型将通过方法名前面的接收者来指定。方法跟函数一样，都可以接受多个形参并返回多个值，但是一个方法必须并且只能有一个接收者。在方法体内部，接收者的行为就跟其他形参一样。
- 调用方法需要用到点记号，排在最前面的是适当类型的变量，之后是一个点号和方

**速查 13-3 答案**

方法声明 func (f fahrenheit) celsius() celsius 中的接收者为 f，它的类型为 fahrenheit。

法名，最后才是实参。

为了检验你是否已经掌握了上述知识，请尝试完成以下实验。

## 实验：methods.go

请编写一个程序，使它带有 celsius、fahrenheit 和 kelvin 这 3 种类型以及在这 3 种温度类型之间互相转换的方法。

14

LESSON

# 第 14 章　一等函数

**本章学习目标**

- 学会将函数赋值给变量
- 学会将函数传递给函数
- 学会编写能够创建函数的函数

在 Go 语言里面，函数是一等值，它可以用在整数、字符串或其他类型能够应用的所有地方：你可以将函数赋值给变量，可以将函数传递给函数，甚至可以编写创建并返回函数的函数。

本章将从理论上分析漫游者环境监测站（REMS）程序，讲述它可能包含的一些一等函数的用途，以及这些函数读取（虚构的）温度传感器的具体方法。

**请考虑这一点**

制作墨西哥夹饼（tacos）需要用到辛香番茄酱（salsa），你可以选择根据食谱自制，也可以到商店购买现成的。

一等函数就像需要辛香番茄酱的墨西哥夹饼。在编写代码时，makeTacos 函数必须调用函数以获取辛香番茄酱，这个函数可以是 makeSalsa 也可以是 openSalsa，但如果缺少辛香番茄酱，那么墨西哥夹饼就是不完整的（顺带提一下，如果有需要，获取辛香番茄酱的函数也可以单独使用）。

除制作菜肴和温度传感器之外，你还能列举出另一个通过函数定制函数的例子吗？

## 14.1 将函数赋值给变量

气象站传感器会提供位于 150°K 至 300°K 区间内的气温读数。我们需要做的就是在获取数据之后，通过函数将温度从开尔文转换为其他单位。遗憾的是，在某些情况下，当我们的计算机或者 Raspberry Pi 处于脱机状态而无法连接传感器的时候，获取数据就会变得困难起来。

为此，我们可以创建一个产生伪随机数的虚假传感器，然后通过代码清单 14-1 中展示的方式，根据自己的需要选择使用 realSensor 或者 fakeSensor。这种可互换设计给程序带来的另一个好处是可以插入不同的真实传感器，例如同时监测地面温度和空气温度的传感器。

**代码清单 14-1 可互换的传感器函数：sensor.go**

```
package main
import (
    "fmt"
    "math/rand"
)
type kelvin float64
func fakeSensor() kelvin {
    return kelvin(rand.Intn(151) + 150)
}
func realSensor() kelvin {
    return 0          // 待办事项：实现真正的传感器
}
func main() {
    sensor := fakeSensor          // 将函数赋值给变量
    fmt.Println(sensor())
    sensor = realSensor
    fmt.Println(sensor())
}
```

在这段代码中，变量 sensor 的值是函数本身，而不是调用函数获得的结果。正如之前的几章所述，无论是调用函数还是方法，都需要像 fakeSensor()这样用到圆括号，但这次的程序在赋值的时候并没有这样做。

现在，无论赋值给 sensor 变量的是 fakeSensor 函数还是 realSensor 函数，程序都可以通过调用 sensor()来实际地调用它。

sensor 变量的类型是函数，具体来说就是一个不接受任何形参并且只返回一个 kelvin 值的函数。在不使用类型推断的情况下，我们需要为这个变量设置以下声明：

```
var sensor func() kelvin
```

**注意** 代码清单 14-1 之所以能够将 realSensor 函数重新赋值给 sensor 变量，是因为

realSensor 与 fakeSensor 具有相同的函数签名。换句话说，这两个函数具有相同数量和相同类型的形参以及返回值。

**速查 14-1**

1. 如何区分“将函数本身赋值给变量”和“将调用函数的结果赋值给变量”这两种行为?

2. 如果存在一个返回 celsius 温度的 groundSensor 函数，我们可以把它赋值给代码清单 14-1 中的 sensor 变量吗?

## 14.2 将函数传递给其他函数

因为变量既可以指向函数，又可以作为参数传递给函数，所以我们同样可以在 Go 里面将函数传递给其他函数。

为了记录每秒的温度数据，代码清单 14-2 声明了一个接受传感器函数作为形参的 measureTemperature 函数，无论传入的是 fakeSensor 函数还是 realSensor 函数，它都会定期调用传入的传感器函数。

**代码清单 14-2 将函数用作形参：function-parameter.go**

```
package main
import (
    "fmt"
    "math/rand"
    "time"
)
type kelvin float64
func measureTemperature(samples int, sensor func() kelvin) {
    for i := 0; i < samples; i++ {
        k := sensor()
        fmt.Printf("%v° K\n", k)
        time.Sleep(time.Second)
    }
}
```

measureTemperature 接受另一个函数作为它的第二个形参

**速查 14-1 答案**

1. 把函数调用或是方法调用的结果赋值给变量，总是需要像 fn() 这样使用圆括号调用函数或是方法。但是在将函数/方法本身赋值给变量的时候，只需要指定函数/方法的名字，而不需要用到圆括号。

2. groundSensor 函数不能赋值给 sensor 变量，因为它的函数签名与 sensor 变量声明的类型不匹配。尝试将 groundSensor 函数赋值给 sensor 变量将引发编译器报告错误：无法在赋值中使用 groundSensor。

```
func fakeSensor() kelvin {
    return kelvin(rand.Intn(151) + 150)
}
func main() {
    measureTemperature(3, fakeSensor)
}
```

把函数的名字传递给另一个函数

这种传递函数的能力是一种非常强大的代码拆分手段。如果 Go 不支持一等函数，那么我们就必须写出两个代码相差无几的 measureRealTemperature 函数和 measureFakeTemperature 函数了。

measureTemperature 函数接受两个形参，其中第二个形参的类型为 func() kelvin，这一声明与相同类型的变量声明非常相似：

```
var sensor func() kelvin
```

在程序的最后，main 函数只需要将传感器函数的名字传递给 measureTemperature 函数，一切就大功告成。

**速查 14-2**

拥有向其他函数传递函数的能力有什么好处？

## 14.3　声明函数类型

为函数声明新的类型有助于精简和明确调用者的代码。例如，在前面的几章中，我们就尝试了使用 kelvin 类型而不是底层表示来代表温度单位，同样的方法也可以应用于被传递的函数：

```
type sensor func() kelvin
```

跟“不接受任何形参并且只返回一个 kelvin 值的函数”这一模糊的概念相比，现在代码可以通过 sensor 类型来明确地声明一个传感器函数。通过 sensor 类型还能够有效地精简代码，使函数声明

```
func measureTemperature(samples int, s func() kelvin)
```

能够改写为

```
func measureTemperature(samples int, s sensor)
```

**速查 14-2 答案**

函数传递是一等函数提供的拆分和复用代码的另一种手段。

在这个简单的例子中，使用 sensor 类型看上去作用并不大，毕竟人们在阅读代码的时候还是得看一眼 sensor 类型的声明才能够知道代码的具体行为。但如果 sensor 在多个地方都出现过，或者函数类型需要接受多个形参，那么使用函数类型将能够有效地减少混乱。

**速查 14-3**

请使用函数类型重写以下函数签名：

```
func drawTable(rows int, getRow func(row int) (string, string))
```

## 14.4 闭包和匿名函数

匿名函数也就是没有名字的函数，在 Go 中也被称为函数字面量。跟普通函数不一样的是，因为函数字面量需要保留外部作用域的变量引用，所以函数字面量都是闭包的。

如代码清单 14-3 所示，我们可以将匿名函数赋值给变量，然后像使用其他函数那样使用那个变量。

**代码清单 14-3 匿名函数：masquerade.go**

```
package main
import "fmt"
```

**速查 14-3 答案**

```
type getRowFn func(row int) (string, string)
func drawTable(rows int, getRow getRowFn)
```

```
var f = func() {                      将匿名函数赋值给变量
    fmt.Println("Dress up for the masquerade.")
}
func main() {                         打印出“Dress up for the masquerade.”
    f()
}
```

正如代码清单 14-4 所示，函数的赋值对象不仅可以是包作用域中的变量，还可以是函数中的变量。

**代码清单 14-4　匿名函数：funcvar.go**

```
package main
import "fmt"
func main() {                                   将匿名函数赋值给变量
    f := func(message string) {
        fmt.Println(message)
    }                                           打印出“Go to the party.”
    f("Go to the party.")
}
```

我们甚至还可以将声明匿名函数和调用匿名函数整合到一个步骤里面执行，就像代码清单 14-5 所示的那样。

**代码清单 14-5　匿名函数：anonymous.go**

```
package main
import "fmt"
func main() {                 声明匿名函数
    func() {
        fmt.Println("Functions anonymous")
    }()
}                             调用匿名函数
```

匿名函数适用于各种需要动态创建函数的情景，从函数里面返回另一个函数就是其中之一。虽然函数也可以返回已存在的具名函数，但能够声明并返回全新的匿名函数无疑会更为有用。

代码清单 14-6 中的 `calibrate` 函数负责调整气温读数中的误差。这个函数会通过一等函数特性，接受一个虚假或者真实的传感器函数作为形参，然后返回一个替代函数。当新的 `sensor` 函数被调用时，原始的传感器函数也会被调用，而具体的读数则会根据偏移量进行调整。

**代码清单 14-6　传感器校准：calibrate.go**

```
package main
import "fmt"
type kelvin float64
// sensor 函数类型
type sensor func() kelvin
```

```
func realSensor() kelvin {
    return 0          ← 待办事项：实现真正的传感器
}
func calibrate(s sensor, offset kelvin) sensor {
    return func() kelvin {
        return s() + offset      ← 声明并返回匿名函数
    }
}
func main() {
    sensor := calibrate(realSensor, 5)
    fmt.Println(sensor())      ← 打印出“5”
}
```

值得一提的是，代码清单 14-6 中的匿名函数利用了闭包特性，它引用了被 `calibrate` 函数用作形参的 `s` 变量和 `offset` 变量。尽管 `calibrate` 函数已经返回了，但是被闭包捕获的变量将继续存在，因此调用 `sensor` 仍然能够访问这两个变量。术语**闭包**就是由于匿名函数**封闭**并**包围**作用域中的变量而得名的。

另外需要注意的是，因为闭包保留的是周围变量的引用而不是副本值，所以修改被闭包捕获的变量可能会导致调用匿名函数的结果发生变化。

```
var k kelvin = 294.0
sensor := func() kelvin {
    return k
}
fmt.Println(sensor())      ← 打印出“294”
k++
fmt.Println(sensor())      ← 打印出“295”
```

请务必牢记这一点，特别是当你在 `for` 循环中使用闭包的时候。

**速查 14-4**

1. 匿名函数在 Go 中的另一个名字是什么？
2. 闭包提供了哪些普通函数不具备的特性？

## 14.5 小结

- 将函数用作一等值可以给代码的拆分和复用带来新的可能性。

**速查 14-4 答案**

1. 匿名函数在 Go 中也被称为函数字面量。
2. 闭包能够保留外部作用域的变量引用。

- 如果你想要动态地创建函数，那么可以使用带有闭包特性的匿名函数。

为了检验你是否已经掌握了上述知识，请尝试完成以下实验。

## 实验：calibrate.go

请将代码清单 14-6 中的代码键入 Go Playground，然后执行以下操作。

- 声明一个变量，并将其用作 `calibrate` 函数的 `offset` 实参，而不是使用字面量数字 `5`。在此之后，即使修改该变量，调用 `sensor()` 的结果也仍然为 5。这是因为 `offset` 形参接受的是实参的副本值而不是引用，也就是俗称的传值。
- 使用 `calibrate` 函数和代码清单 14-2 中的 `fakeSensor` 函数以创建新的 `sensor` 函数，然后多次调用这个新的 `sensor` 函数，看看它是否每次都会调用 `fakeSensor` 函数并产生随机的读数。

# 第 15 章　单元实验：温度表

请编写一个打印温度转换表格的程序。被打印的表格应该使用等于号(=)和管道符号(|)来画线，并带有相应的标题区域：

```
=======================
| °C       | °F       |
=======================
| -40.0    | -40.0    |
| ...      | ...      |
=======================
```

程序需要画出两个表格。第一个表格有两列，其中第一列的标题为摄氏度（°C），第二列的标题则为华氏度（°F），然后使用第 13 章展示过的温度转换方法，以 5°为一步进迭代摄氏度–40°C 至 100°C，并打印出与之对应的华氏度。

打印完第一个表格之后，请将第一个表格中的两列互换位置，然后打印出另一个将华氏度转换为摄氏度的表格。

无论表格中打印的是什么数据，负责画线和填充值的代码都应该是可复用的。请使用函数分割绘制表格的代码和为每个行计算温度的代码。

请实现一个 drawTable 函数，它接受一个一等函数作为形参并通过调用传入的函数来获得绘制每一行所需的温度数据。通过向 drawTable 传入不同的函数，程序将产生不同的输出数据。

# 第 4 单元　收集器

收集器用于存储一组事物。举个例子，一张歌单里面可能会有多张专辑，每张专辑里面有一系列歌曲，而每首歌里面又包含着一系列音符。如果你打算构建一个音乐播放器，那么就需要知道编程语言提供了哪些收集器。

在 Go 语言中，我们将通过使用第 2 单元介绍的基本类型来组建更为有趣的复合类型，这种类型允许将多个值组合在一起，并以全新的方式收集和访问数据。

# 第 16 章　劳苦功高的数组

**本章学习目标**

- 学会声明和初始化数组
- 学会赋值和访问数组中的元素
- 学会迭代数组

数组是一种定长且有序的元素收集器。本章将使用数组存储太阳系中行星和矮行星的名字，但除此之外，数组也可以用于存储其他任何事物。

**请考虑这一点**

你现在或者以前收藏过邮票、硬币、贴纸、书籍、鞋子、奖杯、电影之类的东西吗？
数组能够收集大量同类型的事物，你觉得它能够用来表示何种收藏集合？

## 16.1　声明数组并访问其元素

以下 planets 数组不多不少正好包含 8 个元素：

```
var planets [8]string
```

同一数组中的每个元素都具有相同的类型，例如，这个例子中的 planets 数组就由 8 个字符串组成，简称字符串数组。

正如图 16-1 和代码清单 16-1 所示，数组中的每个元素都可以通过方括号 [] 和一个以 0 为起始的索引进行访问。

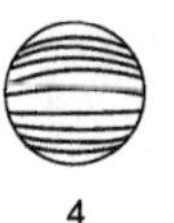

0　1　2　3　4　5　6　7

图 16-1　被索引 0 至 7 标记的行星

**代码清单 16-1　存储行星的数组：array.go**

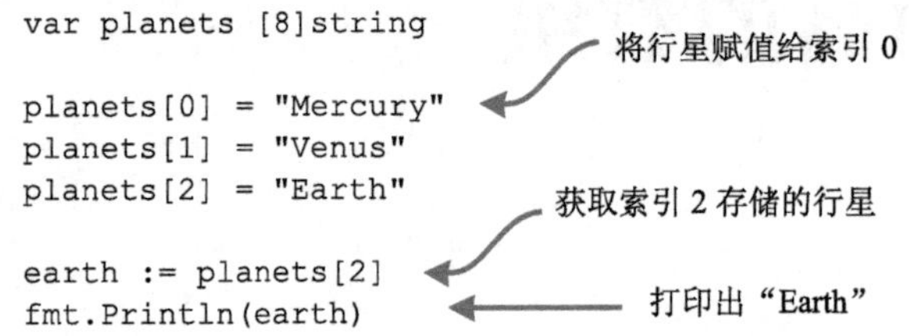

```
var planets [8]string

planets[0] = "Mercury"
planets[1] = "Venus"
planets[2] = "Earth"

earth := planets[2]
fmt.Println(earth)
```



数组的长度可以通过内置的 len 函数确定。在声明数组时，未被赋值的元素将包含类型对应的零值。例如，虽然上面的代码只赋值了 3 个元素，但 planets 数组仍将包含 8 个元素，其中未被赋值的 5 个元素将被初始化为 string 类型的零值，也就是空字符串：

```
fmt.Println(len(planets))        // 打印出“8”
fmt.Println(planets[3] == "")    // 打印出“true”
```

**注意**　Go 具有少量不需要使用 import 语句载入即可使用的内置函数，其中的 len 函数可以用于确定多种不同类型的长度。例如，在上面的示例中，它返回的就是数组的长度。

**速查 16-1**

1. 怎样才能访问 planets 数组的第一个元素？
2. 对新创建的整数数组来说，元素的默认值是什么？

**速查 16-1 答案**

1. planets[0]
2. 未被赋值的数组元素将按照数组的类型被初始化为相应的零值，对整数数组来说，数组元素的零值就是数字 0。

## 16.2 小心越界

包含 8 个元素的数组的合法索引为 0 至 7。Go 编译器在检测到对越界元素的访问时会报错：

```
var planets [8]string
planets[8] = "Pluto"
pluto := planets[8]
```

无效的数组索引 8（越过了 8 元素数组的边界）

另外，如果 Go 编译器在编译时未能发现越界错误，那么程序将在运行时出现惊恐（panic）：

```
var planets [8]string
i := 8
planets[i] = "Pluto"
pluto := planets[i]
```

惊恐：运行时错误：索引越界

惊恐会导致程序崩溃，但这总比像 C 语言那样修改了不属于 `planets` 数组的内存而导致未明确行为好。

> **速查 16-2**
>
> 访问 `planets[11]` 会导致编译时错误还是运行时惊恐？

## 16.3 使用复合字面量初始化数组

**复合字面量**是一种使用给定值对任意复合类型实施初始化的紧凑语法。与先声明一个数组然后再一个接一个地为它的元素赋值相比，Go 语言的复合字面量语法允许我们在单个步骤里面完成声明数组和初始化数组这两项工作，就像代码清单 16-2 所示的那样。

**代码清单 16-2 矮行星数组：dwarfs.go**

```
dwarfs := [5]string{"Ceres", "Pluto", "Haumea", "Makemake", "Eris"}
```

这段代码中的大括号`{}`包含了 5 个用逗号分隔的字符串，它们将被用于填充新创建的数组。

在初始化大型数组时，将复合字面量拆分至多个行可以让代码变得更可读。为了方便，

---

**速查 16-2 答案**

访问 `planets[11]` 将导致编译器检测到无效的数组索引。

你还可以在复合字面量里面使用省略号...而不是具体的数字作为数组长度，然后让 Go 编译器为你计算数组元素的数量。需要注意的是，无论使用哪种方式初始化数组，数组的长度都是固定的。

**速查 16-3**

请使用 Go 内置的 len 函数获取代码清单 16-3 中定义的 planets 数组的长度。

**代码清单 16-3　完整的行星数组：composite.go**

```
planets := [...]string{     ← 让 Go 编译器计算数组元素的数量
    "Mercury",
    "Venus",
    "Earth",
    "Mars",
    "Jupiter",
    "Saturn",
    "Uranus",
    "Neptune",     ← 结尾的逗号是必需的，不能省略
}
```

## 16.4　迭代数组

正如代码清单 16-4 所示，迭代数组中各个元素的做法与第 9 章中迭代字符串中各个字符的做法非常相似。

**代码清单 16-4　遍历数组：array-loop.go**

```
dwarfs := [5]string{"Ceres", "Pluto", "Haumea", "Makemake", "Eris"}
for i := 0; i < len(dwarfs); i++ {
    dwarf := dwarfs[i]
    fmt.Println(i, dwarf)
}
```

正如代码清单 16-5 所示，使用关键字 range 可以取得数组中每个元素对应的索引和值，这种迭代方式使用的代码更少并且更不容易出错。

**代码清单 16-5　使用关键字 range 迭代数组：array-range.go**

```
dwarfs := [5]string{"Ceres", "Pluto", "Haumea", "Makemake", "Eris"}
```

**速查 16-3 答案**

planets 数组的长度为 8。

```
for i, dwarf := range dwarfs {
    fmt.Println(i, dwarf)
}
```

代码清单 16-4 和代码清单 16-5 将产生相同的输出：

```
0 Ceres
1 Pluto
2 Haumea
3 Makemake
4 Eris
```

**注意** 正如之前所述，如果你不需要 range 提供的索引变量，那么可以使用空白标识符（下划线）来省略它们。

**速查 16-4**

1. 使用关键字 range 迭代数组可以避免哪些错误？
2. 在什么情况下，使用传统的 for 循环比使用关键字 range 更适合？

## 16.5 数组被复制

正如代码清单 16-6 所示，无论是将数组赋值给新的变量还是将它传递给函数，都会产生一个完整的数组副本。

**代码清单 16-6 数组是一个值：array-value.go**

```
planets := [...]string{
    "Mercury",
    "Venus",
    "Earth",
    "Mars",
    "Jupiter",
    "Saturn",
    "Uranus",
    "Neptune",
}
```

**速查 16-4 答案**

1. 使用关键字 range 可以让循环变得更简单，并且可以避免诸如 i <= len(dwarfs) 这样的索引越界错误。

2. 传统的 for 循环在你需要定制循环过程的时候更为适用，例如，你可能想要以逆序方式迭代数组，或者每秒访问一个数组元素。

```
planetsMarkII := planets              ← 复制 planets 数组
planets[2] = "whoops"                 ← 修改数组元素，让出星际轨道
fmt.Println(planets)                  ← 打印出"[Mercury Venus whoops Mars Jupiter Saturn Uranus Neptune]"
fmt.Println(planetsMarkII)            ← 打印出"[Mercury Venus Earth Mars Jupiter Saturn Uranus Neptune]"
```

**提示** 天有不测之风云，如果有一天地球毁灭而你需要离开地球的时候，你肯定希望计算机上能够有一个 Go 编译器。请按照 Go 官方网站给出的指令安装 Go 编译器。

因为数组也是一种值，而函数通过传递值接受参数，所以代码清单 16-7 中的 `terraform` 函数将非常低效。

**代码清单 16-7 数组作为值进行传递：terraform.go**

```go
package main
import "fmt"
// terraform函数不会产生任何实际效果
func terraform(planets [8]string) {
    for i := range planets {
        planets[i] = "New " + planets[i]
    }
}
func main() {
    planets := [...]string{
        "Mercury",
        "Venus",
        "Earth",
        "Mars",
        "Jupiter",
        "Saturn",
        "Uranus",
        "Neptune",
    }
    terraform(planets)
    fmt.Println(planets)   ← 打印出"[Mercury Venus Earth Mars Jupiter Saturn Uranus Neptune]"
}
```

由于 `terraform` 函数操作的是 `planets` 数组的副本，因此函数内部对数组的修改将不会影响 `main` 函数中的 `planets` 数组。

除此之外，我们还需要意识到数组的长度实际上也是数组类型的一部分，这一点非常重要。例如，虽然`[8]string` 类型和`[5]string` 类型都属于字符串收集器，但它们实际上是不同的类型。尝试传递长度不相符的数组作为参数将导致 Go 编译器报错：

```go
dwarfs := [5]string{"Ceres", "Pluto", "Haumea", "Makemake", "Eris"}
terraform(dwarfs)   ← 只能接受 [8]string 类型的 terraform 函数无法使用[5]string 类型的 dwarfs 作为实参
```

基于上述原因，函数一般使用**切片**而不是数组作为形参，接下来的第 17 章将对切片进行介绍。

**速查 16-5**

1. 在代码清单 16-6 中，planetsMarkII 数组的 Earth 元素为何没有被改变？
2. 我们应如何修改代码清单 16-7，才能够让 main 函数中的 planets 数组发生改变？

## 16.6 由数组组成的数组

我们除可以定义字符串数组之外，还可以定义整数数组、浮点数数组甚至数组的数组。例如，代码清单 16-8 就展示了如何创建一个由字符串数组组成的数组，并将其用于表示 8 × 8 国际象棋棋盘。

**代码清单 16-8 国际象棋棋盘：chess.go**

```
var board [8][8]string

board[0][0] = "r"
board[0][7] = "r"

for column := range board[1] {
    board[1][column] = "p"
}

fmt.Print(board)
```

一个 8×8 嵌套数组，其中内层数组的每个元素都是一个字符串

将“车”（rook）放置到[行][列]指定的坐标上

**速查 16-6**

如果我们要设计一个数独游戏程序，那么应该如何声明 9 × 9 的整数网格？

## 16.7 小结

- 数组是一种定长且有序的元素收集器。

**速查 16-5 答案**

1. planetsMarkII 数组是 planets 数组的副本，它不会因为 planets 的修改而发生变化。

2. terraform 函数可以返回修改后的[8]string 数组，这样 main 函数就可以将这个数组重新赋值给 planets 变量了。除此之外，第 17 章介绍的切片和第 26 章介绍的指针同样能够修改数组。

**速查 16-6 答案**

使用 var grid [9][9]int 即可声明一个 9 × 9 整数网格。

- 复合字面量能够为数组初始化提供方便。
- 关键字 range 可以用于迭代数组。
- 在访问数组元素时，数组的索引必须位于边界范围之内。
- 数组在被赋值或者被传递至函数的时候，都会产生相应的副本。

为了检验你是否已经掌握了上述知识，请尝试完成以下实验。

## 实验：chess.go

- 扩展代码清单 16-8，使用字符 kqrbnp 表示上方的黑棋、字符 KQRBNP 表示下方的白棋，然后在棋子的起始位置打印出所有棋子。
- 编写一个能够美观地打印出整个棋盘的函数。
- 使用[8][8]rune 数组而不是字符串来表示棋盘。回忆一下，rune 字面量使用单引号包围，并使用格式化变量%c 进行打印。

17

LESSON

# 第 17 章　切片：指向数组的窗口

**本章学习目标**

- 学会使用切片，通过窗口观察太阳系
- 学会使用标准库对切片实施字母排序

如图 17-1 所示，太阳系中的行星可以归类为陆地行星（terrestrial）、气态巨行星（gasGiants）和冰巨行星（iceGiants）。通过使用切片 `planets[0:4]` 分割 `planets` 数组的前 4 个元素，我们可以单独划分出其中的陆地行星。**切分** `planets` 数组不会导致数组被修改，它只是创建了指向数组的窗口或视图而已，我们把这种视图称为**切片**类型。

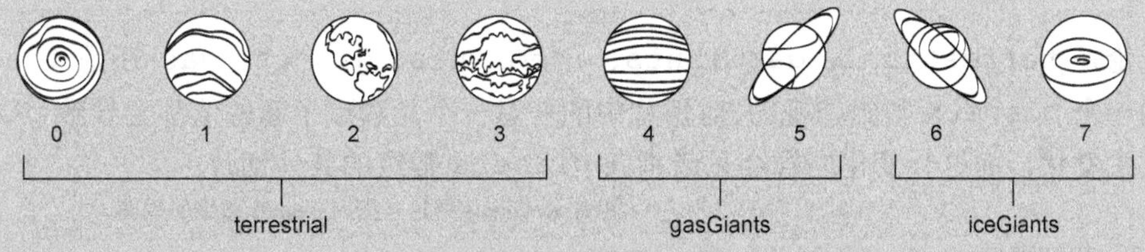


图 17-1　切分太阳系

**请考虑这一点**

你会以特定方式组织你的收藏品吗？例如，图书馆可能会按照作者的姓氏排列书架上的书籍，使读者可以方便地找到特定作者名下的作品。

同样，我们也可以使用切片对收集器的特定部分进行归类。

## 17.1　切分数组

通过切分数组创建切片需要用到半开区间。例如，在代码清单 17-1 里面，planets[0:4] 从索引 0 的行星开始一直持续到索引 4 的行星为止（但不包括索引为 4 的行星本身）。

**代码清单 17-1　分割数组：slicing.go**

```
planets := [...]string{
    "Mercury",
    "Venus",
    "Earth",
    "Mars",
    "Jupiter",
    "Saturn",
    "Uranus",
    "Neptune",
}
terrestrial := planets[0:4]
gasGiants := planets[4:6]
iceGiants := planets[6:8]
fmt.Println(terrestrial, gasGiants, iceGiants)
```

打印出“[Mercury Venus Earth Mars] [Jupiter Saturn] [Uranus Neptune]”

虽然 terrestrial、gasGiants 和 iceGiants 都是切片，但我们还是可以像数组那样根据索引获取切片中的指定元素：

```
fmt.Println(gasGiants[0])
```

打印出“Jupiter”

我们除可以创建数组的切片之外，还可以创建切片的切片：

```
giants := planets[4:8]
gas := giants[0:2]
ice := giants[2:4]
fmt.Println(giants, gas, ice)
```

打印出“[Jupiter Saturn Uranus Neptune] [Jupiter Saturn] [Uranus Neptune]”

无论是 terrestrial、gasGiants、iceGiants、giants、gas 还是 ice，它们都是同一个 planets 数组的视图，对切片中的任意一个元素赋予新的值都会导致 planets 数组发生变化，而这一变化同样会见诸指向 planets 数组的其他切片：

```
iceGiantsMarkII := iceGiants
iceGiants[1] = "Poseidon"
fmt.Println(planets)
fmt.Println(iceGiants, iceGiantsMarkII, ice)
```

复制 iceGiants 切片（指向 planets 数组的视图）

打印出“[Mercury Venus Earth Mars Jupiter Saturn Uranus Poseidon]”

打印出“[Uranus Poseidon] [Uranus Poseidon] [Uranus Poseidon]”

**速查 17-1**

1. 切分数组会产生什么？

2. 在使用 planets[4:6] 切分数组的时候，结果会包含多少个元素？

## 切片的默认索引

在切分数组创建切片的时候，省略半开区间中的起始索引表示使用数组的起始位置作为索引，而省略半开区间的结束索引则表示使用数组的长度作为索引。这种做法使得我们可以把代码清单 17-1 中的切分操作修改为代码清单 17-2 所示的形式。

**代码清单 17-2 默认索引：slicing-default.go**

```
terrestrial := planets[:4]
gasGiants := planets[4:6]
iceGiants := planets[6:]
```

**注意** 切片的索引不能是负数。

除单独省略起始索引或者结束索引之外，我们还可以同时省略这两个索引。例如，下面的 allPlanets 变量就是一个包含全部 8 颗行星的切片：

```
allPlanets := planets[:]
```

**切分字符串**

切分数组创建切片的语法也可以用于切分字符串：

```
neptune := "Neptune"
tune := neptune[3:]

fmt.Println(tune)        ← 打印出“tune”
```

切分字符串将创建另一个字符串。不过为 neptune 变量赋予新值并不会改变 tune 变量的值，反之亦然。

```
neptune = "Poseidon"
fmt.Println(tune)        ← 打印出“tune”
```

另外需要注意的是，在切分字符串时，索引代表的是字节号码而非符文号码：

```
question := "¿Cómo estás?"
fmt.Println(question[:6])        ← 打印出“¿Cóm”
```

**速查 17-1 答案**

1. 切片。
2. 两个元素。

> **速查 17-2**
>
> 如果地球和火星是仅有的殖民行星，你该如何从 `terrestrial` 切片中切分出 `colonized` 切片？

## 17.2 切片的复合字面量

Go 语言的许多函数都倾向于使用切片而不是数组作为输入。如果你需要一个跟底层数组具有同样元素的切片，那么其中一种方法就是声明数组然后使用`[:]`对其进行切分，就像这样：

```
dwarfArray := [...]string{"Ceres", "Pluto", "Haumea", "Makemake", "Eris"}
dwarfSlice := dwarfArray[:]
```

切分数组并不是创建切片的唯一方法，我们还可以选择直接声明切片。与声明数组时需要在方括号内提供数组长度或者使用省略号不一样，声明切片不需要在方括号内提供任何值。例如，如果我们想要声明一个字符串切片，那么只需要使用`[]string` 作为类型即可。

作为例子，代码清单 17-3 使用熟悉的复合字面量语法初始化了一个 `dwarfs` 切片。

**代码清单 17-3 创建切片：dwarf-slice.go**

```
dwarfs := []string{"Ceres", "Pluto", "Haumea", "Makemake", "Eris"}
```

直接声明的切片仍然会有相应的底层数组。以上面的 `dwarfs` 切片为例，Go 首先会在内部一个包含 5 个元素的数组，然后再创建一个能够看到数组所有元素的切片。

> **速查 17-3**
>
> 请使用格式化变量`%T` 比较 `dwarfArray` 数组和 `dwarfs` 切片这两者的类型。

## 17.3 切片的威力

通过使用 Go 标准库再加上一些创造力，我们可以折叠时空的基本结构，将整个世界聚

---

**速查 17-2 答案**

```
colonized := terrestrial[2:]
```

**速查 17-3 答案**

```
fmt.Printf("array %T\n", dwarfArray)    ← 打印出“array [5]string”
fmt.Printf("slice %T\n", dwarfs)     ← 打印出“slice []string”
```

合在一起从而实现瞬时旅行。具体来说，代码清单 17-4 中的 hyperspace 函数将对 worlds 字符串切片中的字符串进行修改，并移除其中包含的空格（这些空格代表围绕行星的空间）。

代码清单 17-4 将世界聚合在一起：hyperspace.go

```
package main
import (
    "fmt"
    "strings"
)
// hyperspace 函数将移除围绕行星的空间
func hyperspace(worlds []string) {          ← 这个实参是一个切片而非数组
    for i := range worlds {
        worlds[i] = strings.TrimSpace(worlds[i])
    }
}
func main() {                                         空间围绕在行星周围
    planets := []string{" Venus ", "Earth ", " Mars"} ←
    hyperspace(planets)
    fmt.Println(strings.Join(planets, ""))   ← 打印出“VenusEarthMars”
}
```

代码清单 17-4 中的 worlds 和 planets 都是切片，并且前者还是后者的副本，但是它们都指向相同的底层数组。

如果 hyperspace 函数想要修改的是 worlds 切片的指向，无论是指向开头还是结尾，这些修改都不会对 planets 切片产生任何影响。但由于 hyperspace 函数能够访问 worlds 指向的底层数组并修改其包含的元素，因此这些修改将见诸同一数组的其他切片（视图）。

切片比数组通用的另一个地方在于，切片虽然也有长度，但这个长度与数组的长度不一样，它不是类型的一部分。基于这个原因，你可以将任意长度的切片传递给 hyperspace 函数：

```
dwarfs := []string{" Ceres  ", " Pluto"}
hyperspace(dwarfs)
```

Go 语言的使用者很少会直接使用数组，它们更愿意使用更为通用的切片，特别是在向函数传递实参的时候。

**速查 17-4**

请访问 Go 官方标准库网站，查阅 TrimSpace 函数和 Join 函数的相关文档，然后说出它们的作用。

## 17.4 带有方法的切片

我们可以在 Go 语言中声明底层为切片或者数组的类型，并为其绑定相应的方法。跟其他语言的类（class）相比，Go 语言在类型之上声明方法的能力无疑更为通用。

例如，标准库的 sort 包声明了一种 StringSlice 类型：

```
type StringSlice []string
```

并且该类型还有关联的 Sort 方法：

```
func (p StringSlice) Sort()
```

为了按照字母顺序对行星进行排序，代码清单 17-5 首先会将 planets 数组转换为 sort.StringSlice 类型，然后再调用相应的 Sort 方法：

**代码清单 17-5　对字符串切片进行排序：sort.go**

```
package main
import (
    "fmt"
    "sort"
)
func main() {
    planets := []string{
        "Mercury", "Venus", "Earth", "Mars",
        "Jupiter", "Saturn", "Uranus", "Neptune",
    }
    sort.StringSlice(planets).Sort()    ← 按照字母顺序对行星进行排序
    fmt.Println(planets)    ← 打印出“[Earth Jupiter Mars Mercury Neptune Saturn Uranus Venus]”
}
```

**速查 17-4 答案**

1a. TrimSpace 将返回移除了头部空格和尾部空格之后的字符串。

1b. Join 通过连接切片中的多个元素创建出一个字符串，其中每个元素之间将使用给定的分隔符进行分隔。

为了进一步简化上述操作，sort 包提供了 Strings 辅助函数，它会自动执行所需的类型转换并调用 Sort 方法：

```
sort.Strings(planets)
```

**速查 17-5**

执行代码 sort.StringSlice(planets)会发生什么？

## 17.5 小结

- 切片是指向数组的窗口和视图。
- 关键字 range 可以用于迭代切片。
- 切片在赋值或者传递至函数时，将与新变量共享相同的底层数据。
- 复合字面量可以为切片初始化提供方便。
- Go 语言允许将方法绑定类型。

为了检验你是否已经掌握了上述知识，请尝试完成以下实验。

### 实验：terraform.go

请编写一个程序，它通过给字符串切片中的所有行星加上"New "前缀来完成对行星的地球化处理，然后使用这个程序对火星（Mars）、天王星（Uranus）和海王星（Neptune）实行地球化。

在初次实现这个程序的时候，你可以使用函数作为实现方式，但是最终的实现必须引入 Planets 类型并为之实现相应的 terraform 方法，就像之前提到的 sort.StringSlice 类型一样。

**速查 17-5 答案**

planets 变量将从[]string 类型转换为在 sort 包中声明的 StringSlice 类型。

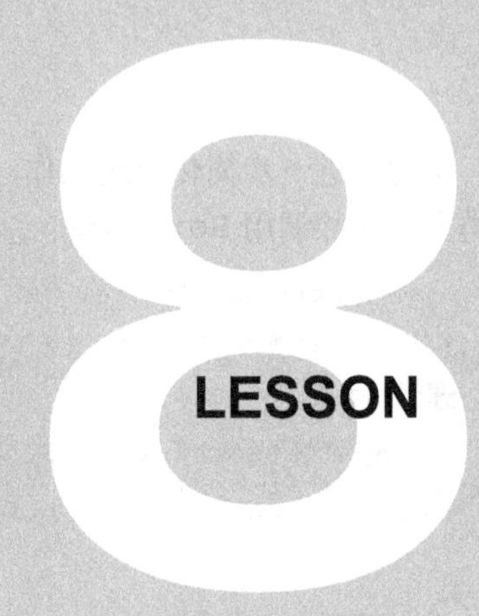


# 第 18 章　更大的切片

**本章学习目标**

- 学习将更多元素追加至切片
- 了解长度和容量的运作机制

正如之前所述，数组包含固定数量的元素，而切片不过是指向这些定长数组的视图。然而在实际中，与定长数组相比，程序员往往更需要一种能够按需增长的可变长度数组，而 Go 语言则通过切片和内置的 append 函数来实现这一点，本章将对此进行介绍。

**请考虑这一点**

你是否遇到过这样的情况，例如，书本太多以至于无法将它们全部放置到书架上面，或者家人太多以至于无法挤在同一间屋子或者同一辆车上？

数组跟书架一样都具有特定的容量。切片和数组的关系就跟书本和书架的关系一样，前者可以持续增长直到填满后者为止。正如我们在书架被书本填满之后可以换一个更大的书架一样，程序也可以在一个数组被填满之后，用容量更大的数组来代替原数组。

##  18.1　append 函数

虽然国际天文联合会（IAU）在我们的太阳系中只识别出了 5 颗矮行星，但矮行星的实际数量可能会多于 5 颗。正如代码清单 18-1 所示，通过内置的 append 函数，我们可以将

更多元素添加到 dwarfs 切片里面。

代码清单 18-1 更多矮行星：append.go

```
dwarfs := []string{"Ceres", "Pluto", "Haumea", "Makemake", "Eris"}

dwarfs = append(dwarfs, "Orcus")
fmt.Println(dwarfs)    ← 打印出“[Ceres Pluto Haumea Makemake Eris Orcus]”
```

和 Println 一样，append 也是一个可变参数函数，因此我们可以一次向切片追加多个元素：

```
dwarfs = append(dwarfs, "Salacia", "Quaoar", "Sedna")
fmt.Println(dwarfs)    ← 打印出“[Ceres Pluto Haumea Makemake Eris Orcus Salacia Quaoar Sedna]”
```

在刚开始的时候，dwarfs 切片只是一个指向五元素数组的视图，但是上面的代码向它追加了 4 个新元素。为了弄清楚这一切是如何实现的，我们必须先弄懂容量和内置的 cap 函数。

**速查 18-1**

在执行上述代码之后，dwarfs 切片总共包含多少颗矮行星？用什么函数才能够获知这一点？

## 18.2 长度和容量

切片中可见元素的数量决定了切片的长度。如果切片底层的数组比切片大，那么我们就说该切片还有容量可供增长。

代码清单 18-2 声明的函数能够打印出切片的长度和容量。

代码清单 18-2 Len 和 Cap：slice-dump.go

```
package main
import "fmt"
// dump 函数会打印出切片的长度、容量和内容
func dump(label string, slice []string) {
    fmt.Printf("%v: length %v, capacity %v %v\n", label, len(slice), cap(slice), slice)
}
```

**速查 18-1 答案**

通过内置的 len 函数可知，现在切片包含 9 颗矮行星：

```
fmt.Println(len(dwarfs))    ← 打印出“9”
```

```
func main() {
    dwarfs := []string{"Ceres", "Pluto", "Haumea", "Makemake", "Eris"}
    dump("dwarfs", dwarfs)
    dump("dwarfs[1:2]", dwarfs[1:2])
}
```

打印出 "dwarfs: length 5, capacity 5 [Ceres Pluto Haumea Makemake Eris]"

打印出 "dwarfs[1:2]: length 1, capacity 4 [Pluto]"

根据打印结果可知，dwarfs[1:2]创建的切片虽然长度只有 1，但它的容量却足以容纳 4 个元素。

**速查 18-2**

为什么 dwarfs[1:2]切片的容量为 4?

## 18.3　详解 append 函数

通过使用代码清单 18-2 中展示的 dump 函数，代码清单 18-3 展示了 append 函数对切片容量的影响。

**代码清单 18-3　对切片运行 append 函数：slice-append.go**

```
dwarfs1 := []string{"Ceres", "Pluto", "Haumea", "Makemake", "Eris"}
dwarfs2 := append(dwarfs1, "Orcus")
dwarfs3 := append(dwarfs2, "Salacia", "Quaoar", "Sedna")
```

长度为 5，容量为 5

长度为 6，容量为 10

长度为 9，容量为 10

如图 18-1 所示，由于支撑 dwarfs1 切片的底层数组没有足够的空间（容量）执行追加"Orcus"的操作，因此 append 函数将把 dwarfs1 包含的元素复制到新分配的数组里面。新数组的容量是原数组的两倍，其中额外分配的容量将为后续可能发生的 append 操作提供空间。

为了证明 dwarfs1 与 dwarfs2 和 dwarfs3 指向的是两个不同的数组，我们可以修改这两个数组中的任意一个元素，然后打印这 3 个切片。

**速查 18-2 答案**

dwarfs[1:2]切片的容量之所以为 4，是因为它的底层数组包含了 Pluto、Haumea、Makemake 和 Eris 这 4 个元素。

**速查 18-3**

对于代码清单 18-3 展示的 dwarfs3 切片，如果我们修改它的一个元素，那么 dwarfs2 和 dwarfs1 这两个切片会发生变化吗？

```
dwarfs3[1] = "Pluto!"
```

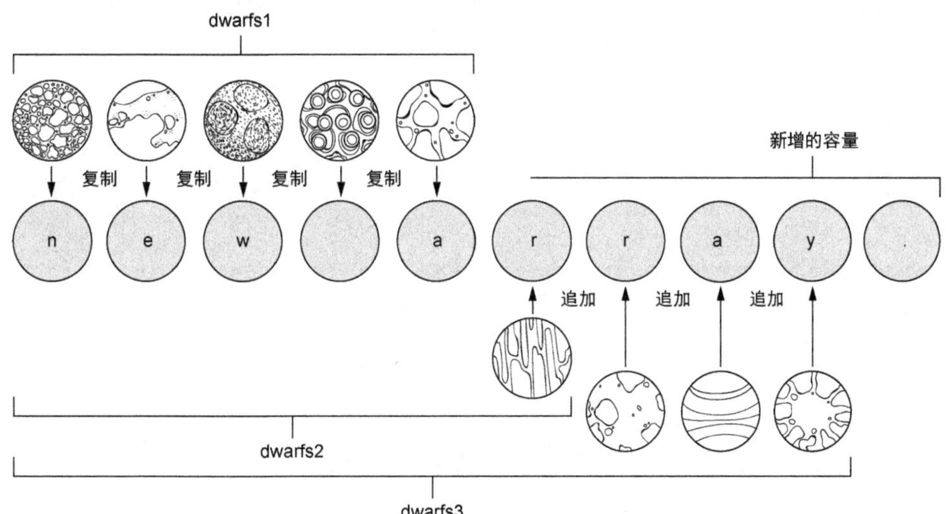


图 18-1 append 函数会按需分配具有更大容量的新数组

## 18.4 三索引切分操作

Go 语言在 1.2 版本引入了能够限制新建切片容量的*三索引切分操作*。在代码清单 18-4 中，新创建的 terrestrial 切片的长度和容量都为 4，对其追加 Ceres 将导致 terrestrial 指向新分配的数组，而 terrestrial 原来指向的数组（也就是 planets 仍在指向的数组）将不会发生任何变化。

**代码清单 18-4 执行切分操作之后的容量：three-index-slicing.go**

```
planets := []string{
    "Mercury", "Venus", "Earth", "Mars",
```

**速查 18-3 答案**

因为 dwarfs2 和 dwarfs3 指向同一个数组，所以 dwarfs2 将随着 dwarfs3 的修改而发生变化，而 dwarfs1 指向的数组不同于前两者，所以它不会发生任何变化。

```
    "Jupiter", "Saturn", "Uranus", "Neptune",
}
terrestrial := planets[0:4:4]        // 长度为 4，容量为 4
worlds := append(terrestrial, "Ceres")
fmt.Println(planets)                 // 打印出“[Mercury Venus Earth Mars Jupiter Saturn Uranus Neptune]”
```

相反，如果我们在执行切片操作时没有指定第 3 个索引，那么 terrestrial 的容量将为 8，并且也不会因为追加 Ceres 而分配新的数组，而是会覆盖原数组中的 Jupiter：

```
terrestrial = planets[0:4]           // 长度为 4，容量为 8
worlds = append(terrestrial, "Ceres")

fmt.Println(planets)                 // 打印出“[Mercury Venus Earth Mars Ceres Saturn Uranus Neptune]”
```

如果覆盖 Jupiter 并非你想要的行为，那么你就应该在创建切片的时候使用三索引切片操作。

**速查 18-4**

什么时候应该使用三索引切片操作？

## 18.5　使用 make 函数对切片实行预分配

当切片的容量不足以执行 append 操作时，Go 必须创建新数组并复制旧数组中的内容。但是通过内置的 make 函数对切片实行预分配策略，我们可以尽量避免额外的内存分配和数组复制操作。

代码清单 18-5 中的 make 函数分别指定了 0 和 10 作为 dwarfs 切片的长度和容量，从而使该切片可以追加最多 10 个元素。在 dwarfs 切片被填满之前，append 函数将不需要为其分配任何新数组。

**代码清单 18-5　使用 make 创建切片：slice-make.go**

```
dwarfs := make([]string, 0, 10)
dwarfs = append(dwarfs, "Ceres", "Pluto", "Haumea", "Makemake", "Eris")
```

make 函数的容量参数是可选的。执行语句 make([]string,10) 将创建长度和容量都为 10 的切片，其中每个切片元素都包含一个与类型对应的零值，也就是一个空字符串。对

---

**速查 18-4 答案**

与其问什么时候应该使用三索引切片操作，不如问什么时候不应该使用三索引切片操作。除非你特意想要覆盖底层数组的元素，否则使用三索引切片操作设置容量将会更安全。

于这种包含零值元素的切片，执行 append 函数将向切片追加第 11 个元素。

> **速查 18-5**
>
> 使用 make 函数创建切片有什么好处?

## 18.6 声明可变参数函数

正如代码清单 18-6 所示，为了声明像 Printf 和 append 这样能够接受可变数量的实参的可变参数函数，我们需要在该函数的最后一个形参前面加上省略号...。

**代码清单 18-6　可变参数函数：variadic.go**

```
func terraform(prefix string, worlds ...string) []string {
    newWorlds := make([]string, len(worlds))   // 创建新的切片而不是直接修改 worlds

    for i := range worlds {
        newWorlds[i] = prefix + " " + worlds[i]
    }
    return newWorlds
}
```

worlds 形参是一个字符串切片，它包含传递给 terraform 函数的零个或多个实参：

```
twoWorlds := terraform("New", "Venus", "Mars")
fmt.Println(twoWorlds)   // 打印出 "[New Venus New Mars]"
```

通过省略号可以展开切片中的多个元素，并将它们用作传递给函数的多个实参：

```
planets := []string{"Venus", "Mars", "Jupiter"}
newPlanets := terraform("New", planets...)
fmt.Println(newPlanets)   // 打印出 "[New Venus New Mars New Jupiter]"
```

如果 terraform 函数直接修改或者改变（mutate）worlds 形参中的元素，那么这些修改将见诸 planets 切片，但是 terraform 函数通过使用 newWorlds 切片避免了这一点。

---

**速查 18-5 答案**

使用 make 函数实行预分配策略可以为底层数组设置初始容量，从而避免额外的内存分配和数组复制操作。

**速查 18-6**

我们到目前为止见过的省略号...的 3 种用法分别是什么？

## 18.7　小结

- 切片具有相应的长度和容量。
- 内置的 append 函数在切片容量不足时，会为切片分配新的底层数组。
- 使用 make 函数可以对切片实行预分配策略。
- 可变参数函数可以接受多个实参，传入的实参会被放置到切片里面。

为了检验你是否已经掌握了上述知识，请尝试完成以下实验。

### 实验：capacity.go

请编写一个程序，使它通过循环持续地将元素追加至切片，并在切片的容量发生变化时打印出切片的容量。请判断 append 函数在底层数组的空间被填满之后，是否总会将数组的容量增加一倍？

**速查 18-6 答案**

1. 让 Go 编译器计算复合字面量中数组包含的元素数量。
2. 创建可变参数函数的最后一个形参，使它可以将零个或多个实参捕获为切片。
3. 将切片中的元素展开为传递给函数的多个实参。

# 第 19 章　无所不能的映射

**本章学习目标**

- 学会将映射用作非结构化数据的收集器
- 学会声明、访问和迭代映射
- 探索多用途的映射类型的一些用法

正如 Google Maps 可以帮助你快速找到指定地点一样，Go 也提供了一种名为映射（map）的收集器，它可以将键映射至值，并帮助你快速找到指定的元素。与数组和切片使用序列整数作为索引的做法不同，映射的键几乎可以是任何类型。

**注意**　映射收集器在不同编程语言中通常都具有不同的名称：Python 将其称为字典，Ruby 将其称为散列，而 JavaScript 则将其称为对象。PHP 对它的叫法是关联数组，至于 Lua 的表则可以同时充当映射和传统的数组。

映射特别适用于那些在程序运行期间就已经确定了键的非结构化数据。虽然有很多脚本语言程序喜欢使用映射存储结构化数据（也就是那些能够提前预知键的数据），但 Go 更趋向于使用结构化类型来存储结构化数据，之后的第 21 章将对此进行介绍。

**请考虑这一点**

映射会把键和值关联起来，这种做法非常便于索引。举个例子，如果你知道一本书的名字，那么迭代整个数组查找这本书将会耗费一些时间，这就好比你不辞劳苦在图书馆或书店的每条过道或每个书架上寻找一本书一样。如果我们可以使用书名作为映射的键，直接找到与之对应的书本，那么查找速度就会快得多。

除了上面这个例子，你还能找到键值映射的其他适用场景吗?

## 19.1 声明映射

与数组和切片只能使用序列整数作为键的做法不一样，映射的键几乎可以是任何类型。在使用 Go 语言的映射时，我们必须为映射的键和值指定类型。例如，图 19-1 就通过语法 map[string]int 声明了一个键为 string 类型、值为 int 类型的映射。

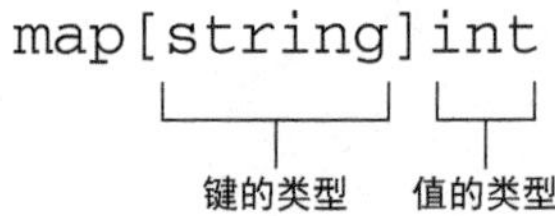


图 19-1 声明一个键为字符串且值为整数的映射

代码清单 19-1 中声明的 temperature 映射包含了来自行星数据表格的平均温度数据，并且在声明和初始化映射的时候还跟其他收集器类型一样使用了复合字面量。对于映射中的每个元素，我们都需要根据它们的类型给定正确的键和值，然后通过方括号 [] 执行诸如按键查值、使用新值覆盖旧值以及为映射添加新值等操作。

代码清单 19-1 平均温度映射：map.go

```
temperature := map[string]int{
    "Earth": 15,
    "Mars":  -65,
}

temp := temperature["Earth"]
fmt.Printf("On average the Earth is %vo C.\n", temp)
temperature["Earth"] = 16
temperature["Venus"] = 464

fmt.Println(temperature)
```

通过复合字面量为映射提供键值对

打印出 “On average the Earth is 15℃.”

修改数据以反映气候变化

打印出 “map[Venus:464 Earth:16 Mars:−65]”

如果程序访问的键并不存在于映射中，那么 Go 语言将根据值的类型返回相应的零值作为结果（这个例子中值的类型为 int）：

```
moon := temperature["Moon"]
fmt.Println(moon)
```

打印出 “0”

为了区分 “键"Moon"不存在于映射中” 和 “键"Moon"存在于映射中并且它的值为 0”

这两种情况，Go 语言提供了“逗号与 ok”语法：

```
if moon, ok := temperature["Moon"]; ok {
     fmt.Printf("On average the moon is %v° C.\n", moon)
} else {
    fmt.Println("Where is the moon?")
}
```

逗号与 ok 语法

打印出“Where is the moon?”

这样一来，变量 moon 将继续包含键"Moon"的值或者零值，至于额外的 ok 变量则会在键"Moon"存在时被设置为 true，并在键"Moon"不存在时被设置为 false。

**注意** 在使用逗号与 ok 语法时，你可以使用自己喜欢的任何名字命名第二个变量，并不是非得用 ok 不可：

```
temp, found := temperature["Venus"]
```

**速查 19-1**

1. 如果你想要声明一个键为 64 位浮点数、值为整数的映射，那么应该使用什么类型呢？

2. 如果你修改代码清单 19-1，将键"Moon"的值设置为 0，那么使用逗号与 ok 语法将产生什么结果？

## 19.2 映射不会被复制

正如之前的第 16 章所示，数组在被赋值给新变量或者传递至函数或方法的时候都会创建相应的副本，诸如 int 和 float64 等基本类型也具有同样的行为。

映射的行为跟上述类型不一样。正如代码清单 19-2 所示，planets 和 planetsMarkII

**速查 19-1 答案**

1. 映射的类型应为 map[float64]int。
2. ok 变量的值将为 true：

```
temperature := map[string]int{
    "Earth": 15,
    "Mars": -65,
    "Moon": 0,
}
if moon, ok := temperature["Moon"]; ok {
    fmt.Printf("On average the moon is %v° C.\n", moon)
} else {
    fmt.Println("Where is the moon?")
}
```

打印出“On average the moon is 0℃.”

共享相同的底层数据，修改这两者中的任何一个都将导致另一个发生变化。遗憾的是，这种特性对某些场景来说并不是一件好事。

**代码清单 19-2　指向相同数据的映射：whoops.go**

```
planets := map[string]string{
    "Earth": "Sector ZZ9",
    "Mars": "Sector ZZ9",
}

planetsMarkII := planets
planets["Earth"] = "whoops"

fmt.Println(planets)
fmt.Println(planetsMarkII)

delete(planets, "Earth")
fmt.Println(planetsMarkII)
```

打印出“map[Earth:whoops Mars:Sector ZZ9]”

从映射中移除 Earth

打印出“map[Mars:Sector ZZ9]”

正如代码清单 19-2 所示，在使用内置的 `delete` 函数将元素从映射中移除之后，`planets` 和 `planetsMarkII` 都会受到相应的影响。与此类似，如果我们将映射传递给函数或者方法，那么映射的内容就有可能被修改。这种行为就跟多个切片同时指向相同的底层数组类似。

**速查 19-2**

1. 在代码清单 19-2 中，为什么对 `planets` 的修改也会反映在 `planetsMarkII` 当中？
2. 内置的 `delete` 函数有什么作用？

## 19.3　使用 make 函数对映射实行预分配

虽然映射与切片不一样，不会在赋值或者传递至函数的时候被复制，但这两种类型也有相似的地方，即除非你使用复合字面量来初始化映射，否则必须使用内置的 `make` 函数来为映射分配空间。

`make` 函数在创建映射的时候可以接受一个或两个形参，其中第二个形参用于为指定数量的键预先分配空间，就像分配切片的容量一样。使用 `make` 函数创建的新映射的初始长度总为 0：

**速查 19-2 答案**

1. 这是因为 `planetsMarkII` 变量与 `planets` 变量指向的是相同的底层数据。
2. `delete` 函数可以从映射中移除指定的元素。

```
temperature := make(map[float64]int, 8)
```

**速查 19-3**

你觉得使用 make 函数为映射预先分配空间的好处是什么?

## 19.4 使用映射进行计数

代码清单 19-3 中的代码可以统计 MAAS API 中不同温度出现的频率。如果 frequency 是一个切片而不是映射，那么它的键必须是整数，并且底层数组将不得不为那些实际中不可能出现的温度保留额外的空间。因此，与切片相比，映射对这个程序来说无疑是更好的选择。

**代码清单 19-3 统计温度出现的频率：frequency.go**

```
temperatures := []float64{
    -28.0, 32.0, -31.0, -29.0, -23.0, -29.0, -28.0, -33.0,
}

frequency := make(map[float64]int)

for _, t := range temperatures {    ← 迭代切片，取出其中的索引和值
    frequency[t]++
}
```

**速查 19-3 答案**

跟切片一样，为映射指定初始大小能够在映射变得更大的时候减少一些后续工作。

```
for t, num := range frequency {        ← 迭代映射，取出其中的键和值
    fmt.Printf("%+.2f occurs %d times\n", t, num)
}
```

使用关键字 range 迭代映射的方法跟我们之前看到过的迭代切片以及数组的方法非常相似，不同的地方在于，range 在每次迭代时提供的将不再是索引和值，而是键和值。需要注意的是，Go 在迭代映射时并不保证键的顺序，因此，同样的映射在进行多次迭代时可能会产生不同的输出。

**速查 19-4**

在使用关键字 range 迭代映射的时候，它会为两个变量提供什么数据？

## 19.5　使用映射和切片实现数据分组

假设现在我们不再统计温度出现的频率，而是以每 10°C 为一组对温度实行分组，那么可以像代码清单 19-4 那样，将分组后的温度分别映射到不同的切片里面。

**代码清单 19-4　由切片组成的映射：group.go**

```
temperatures := []float64{
    -28.0, 32.0, -31.0, -29.0, -23.0, -29.0, -28.0, -33.0,
}

groups := make(map[float64][]float64)    ← 创建一个键为 float64 类型而值为[]float64 类型的映射

for _, t := range temperatures {
    g := math.Trunc(t/10) * 10           ← 将温度向下舍入至-20、-30 等
    groups[g] = append(groups[g], t)
}

for g, temperatures := range groups {
    fmt.Printf("%v: %v\n", g, temperatures)
}
```

这个程序将产生以下输出：

```
30: [32]
-30: [-31 -33]
-20: [-28 -29 -23 -29 -28]
```

**速查 19-4 答案**

range 在每次迭代映射的时候，会为两个变量分别提供映射元素的键和值。

**速查 19-5**

声明 var groups map[string][]int 中的键和值分别是什么类型?

## 19.6 将映射用作集合

集合这种收集器与数组非常相似，唯一的区别在于，集合保证其中的每个元素只会出现一次。虽然 Go 语言没有直接提供集合收集器，但我们总是可以像代码清单 19-5 展示的那样，使用映射临时拼凑出一个集合。对被用作集合的映射来说，键的值通常并不重要，但是为了便于检查集合成员关系，键的值通常会被设置为 true。以代码清单 19-5 中的映射为例，通过检查给定温度是否存在于映射中且在映射中的值是否为 true，可以快速判断这个温度是否是集合的成员。

**代码清单 19-5 临时拼凑的集合：set.go**

```
var temperatures = []float64{
    -28.0, 32.0, -31.0, -29.0, -23.0, -29.0, -28.0, -33.0,
}

set := make(map[float64]bool)          ← 创建一个映射，它的值为布尔类型
for _, t := range temperatures {
    set[t] = true
}
if set[-28.0] {
    fmt.Println("set member")          ← 打印出“set member”
}
                    打印出“map[-31:true -29:true -23:true -33:true -28:true 32:true]”
fmt.Println(set)
```

从程序的输出可以看到，每种温度作为映射的键只出现了一次，而其中重复的温度已经被移除。不过因为映射的键在 Go 语言中是无序的，所以为了产生有序输出，我们必须先将键中存储的温度转换成切片，然后再对切片元素进行排序：

```
unique := make([]float64, 0, len(set))
for t := range set {
    unique = append(unique, t)
}
sort.Float64s(unique)
```

**速查 19-5 答案**

groups 映射的键为字符串类型，而值为整数切片类型。

```
fmt.Println(unique)
```
← 打印出“[-33 -31 -29 -28 -23 32]”

**速查 19-6**

对于代码清单 19-5 中的 set 集合，我们如何判断 32.0 是否是它的成员？

## 19.7 小结

- 映射是非结构化数据的多用途收集器。
- 复合字面量是初始化映射的一种非常方便的手段。
- 使用关键字 range 可以对映射进行迭代。
- 映射即使在被赋值或传递至函数的时候，仍然会共享相同的底层数据。
- 通过组合方式使用收集器可以进一步提升收集器的威力。

为了检验你是否已经掌握了上述知识，请尝试完成以下实验。

### 实验：words.go

请编写一个函数，它可以统计文本字符串中不同单词的出现频率，并返回一个词频映射。这个函数需要将文本转换为小写字母并移除其中包含的标点符号，strings 包中的函数 Fields、ToLower 和 Trim 应该会对此有所帮助。

请使用你编写的函数统计以下段落中各个单词的出现频率，然后打印出那些出现次数不止一次的单词及其词频。

> As far as eye could reach he saw nothing but the stems of the great plants about him receding in the violet shade, and far overhead the multiple transparency of huge leaves filtering the sunshine to the solemn splendour of twilight in which he walked. Whenever he felt able he ran again; the ground continued soft and springy, covered with the same resilient weed which was the first thing his hands had touched in Malacandra. Once or twice a small red creature scuttled across his path, but otherwise there seemed to be no life stirring in the wood; nothing to fear—except the fact of wandering unprovisioned

**速查 19-6 答案**

```
if set[32.0] {
    // 32.0 是集合成员
}
```

and alone in a forest of unknown vegetation thousands or millions of miles beyond the reach or knowledge of man.

——C. S. Lewis,《沉寂的星球》

# 第 20 章 单元实验：切片人生

本次实验将要构建一个名为“康威生命游戏”（Conway’s Game of Life）的模拟器，并使用它模拟人类的繁衍过程。因为模拟需要在一个布满细胞的二维网格上进行，所以这次实验将聚焦于切片。

网格中的每个细胞在水平、垂直和对角线方向上总共有 8 个相邻细胞。在每一世代，单个细胞的生死存亡将取决于相邻细胞的存活数量。

## 20.1 开天辟地

在初次实现生命游戏时，我们需要将世界限制在固定的大小之内。具体来说，我们需要决定网格的尺寸并定义相应的常量：

```
const (
    width  = 80
    height = 15
)
```

接着还需要定义 Universe 类型用于持有二维细胞网格，并通过布尔类型的值 true 和 false 分别表示细胞的存活和死亡：

```
type Universe [][]bool
```

通过使用切片而不是数组来表示世界，可以让函数和方法更容易地共享和修改世界。

**注意** 第 26 章将引入指针这一概念，它是除切片之外，在函数和方法中共享数组的另一种手段。

在此之后，我们还要编写 NewUniverse 函数，它使用 make 分配并返回一个 height 行 width 列的 Universe：

```
func NewUniverse() Universe
```

因为新分配切片的各个元素将被设置为默认的零值 false，所以世界在刚开始的时候将不存在任何存活细胞。

### 20.1.1 观察世界

请为 Universe 编写一个方法，它能够用 fmt 包中的函数将世界目前的状态打印至屏幕，其中存活的细胞用星号表示，而死亡的细胞则用空格表示。此外，它还需要在每次打印完一行细胞之后，将光标移动至新的输出行：

```
func (u Universe) Show()
```

请编写一个 main 函数，它会调用 NewUniverse 函数创造出新世界，然后调用 Show 函数把这个世界打印出来。在继续进行实验之前，请先确保你的程序能够正常运行，即使整个世界目前还没有任何存活细胞。

### 20.1.2 激活细胞

请编写一个 Seed 方法，它可以随机激活世界中大约 25%的细胞（将对应切片元素的值设置为 true）：

```
func (u Universe) Seed()
```

在实现这个方法的时候，别忘了导入 math/rand 包以使用 Intn 函数。在此之后，请修改 main 函数并使用 Seed 方法对世界进行激活，然后使用 Show 函数将激活后的世界打印出来。

## 20.2　适者生存

以下是康威生命游戏的具体规则：

- 当一个存活细胞邻近的存活细胞少于 2 个时，该细胞死亡。
- 当一个存活细胞邻近有 2 个或 3 个存活细胞时，该细胞将延续至下一世代。
- 当一个存活细胞邻近有多于 3 个存活细胞时，该细胞死亡。
- 当一个死亡细胞邻近正好有 3 个存活细胞时，该细胞存活。

为了实现这些规则，我们需要将它们分解成以下 3 个步骤，并将每个步骤实现为相应的方法：

- 判断细胞是否存活的方法
- 统计邻近存活细胞数量的能力
- 判断细胞在下一世代存活或死亡的逻辑

### 20.2.1　存活还是死亡

判断细胞是否存活可以通过检查 `Universe` 切片中对应元素的布尔值来实现，只要该值为 `true`，那么细胞就是存活的。

请为 `Universe` 类型编写一个带有以下签名的 `Alive` 方法：

```
func (u Universe) Alive(x, y int) bool
```

实现 `Alive` 方法最困难的就是处理越界情况。例如，我们如何判断位于(−1, −1)的细胞存活还是死亡呢？或者，我们如何在一个 80×15 的网格上，判断位于(80, 15)的细胞存活还是死亡呢？

为了解决这个问题，我们需要为世界实现回绕。这样一来，与(0, 0)相邻的上方将不再是(0, −1)，而是(0, 14)，这一点可以通过将 `height` 与 `y` 相加得出。如果 `y` 超过了网格的 `height`，就需要用到之前计算闰年时介绍过的取模运算符（`%`），然后通过对 `y` 取模 `height` 来得出相应的余数。这一方法也适用于 `x` 和 `width`。

### 20.2.2　统计邻近细胞

请编写一个方法，统计给定细胞邻近的存活细胞数量，然后返回 0～8：

```
func (u Universe) Neighbors(x, y int) int
```

为了使世界实现回绕，请使用 Alive 方法而不是直接访问世界数据。

另外需要注意的是，在统计邻近细胞的时候别把给定的细胞也统计进去了。

### 20.2.3 游戏逻辑

在实现了统计邻近存活细胞数量的方法之后，我们就可以正式在 Next 方法里面实现本节开头列出的游戏规则了：

```
func (u Universe) Next(x, y int) bool
```

这个方法不会直接修改世界，而会返回一个布尔值，并以此来表示给定细胞在下一世代存活或死亡。

## 20.3 平行世界

为了完成模拟操作，程序需要遍历世界中的每个细胞，并使用 Next 判断它们在下一世代中的状态。

这里有一个需要注意的问题，那就是统计邻近细胞必须基于世界先前的状态。如果程序在执行统计的同时直接修改世界，那么这样的修改势必会对邻近细胞的统计结果产生影响。

解决这个问题的一个简单办法就是创建两个同等大小的世界，然后在读取世界 A 的时候对世界 B 进行设置。请编写函数 Step 以执行该操作：

```
func Step(a, b Universe)
```

当世界 B 被更新到了下一世代之后，程序就可以交换这两个世界，然后继续下一次更新：

```
a, b = b, a
```

在展示新世代的细胞之前，程序需要使用特殊的 ANSI 转义序列"\x0c"来清空屏幕。在此之后，程序就可以打印出整个世界，并使用 time 包中的 Sleep 函数来减缓世代更迭的速度。

**注意** 在 Go Playground 以外的地方，你需要使用其他机制才能清空屏幕，例如，在 macOS 上就需要打印"\033[H"而不是"\x0c"。

现在，你应该已经有了编写并且在 Go Playground 上运行完整的康威生命游戏所需的全部组件。

请你在完成这个游戏之后，将你的实现对应的 Go Playground 链接分享到 Manning 出版社网站上本书的专属论坛。

# 第 5 单元　状态与行为

在 Go 语言中，值用于表示状态，如“一扇门是开着的还是关上的”，而函数和方法则用于表示行为，也就是针对状态的动作，如“打开一扇门”。

假设有多扇门可以独立地打开或者关闭，那么将它们的状态和行为绑定在一起将会有所帮助。此外，编程语言还允许将“门”这一具体内容进一步抽象成能够打开的东西这一概念，这样就可以在炎热的夏天把窗和门这样能够打开的东西全部打开。

当程序变得越来越大的时候，我们必须选择合适的工具，否则程序就会变得越来越难以管理和维护。有很多非常重要的技术如面向对象、封装、多态和组合，可以帮助解决这类问题。本单元的几章旨在揭开这些概念的神秘面纱，并展示 Go 语言实现面向对象设计的独特方法。

# 第 21 章　结构

**本章学习目标**

- 学会为火星上的坐标创建小型结构
- 学会如何将结构编码为流行的 JSON 数据格式

一辆汽车通常会由非常多的零件组成，并且每个零件都会有相关联的值（或者说状态），如引擎已经打开、车轮在转动、电池充满电等。在这种情况下，使用单独的变量来表示每个值就像把车拆解了放在车间里面一样，显得既烦琐又无用。为了将分散的零件组装成完整的部件，Go 提供了结构类型。

**请考虑这一点**

与收集器只能用于同一类型的做法不一样，结构允许你将不同类型的东西组合在一起。环顾四周，看看你身边的东西有哪些可以用结构表示?

## 21.1　声明结构

使用小型结构来表示一对坐标可谓再合适不过了。虽然纬度和经度随处可见，但如果我们不使用结构，那么一个计算两地之间距离的函数就需要接受两对坐标作为参数：

```
func distance(lat1, long1, lat2, long2 float64) float64
```

这种函数虽然可以正常运行，但传递独立的坐标不仅容易出错，而且非常无聊。纬度和经度同属于一个单元，而结构则使我们能够把它们当作一个整体进行处理。

代码清单 21-1 声明了一个 curiosity 结构，并在结构中使用浮点数字段表示纬度和经度。访问字段的值或者为字段赋值都需要用到*点标记法*，也就是像代码清单 21-1 中所示的那样，使用点连接变量名和字段名。

**代码清单 21-1 引入小型结构：struct.go**

```
var curiosity struct {
    lat float64
    long float64
}

curiosity.lat = -4.5895          // 为结构中的字段赋值
curiosity.long = 137.4417

fmt.Println(curiosity.lat, curiosity.long)   // 打印出“-4.5895 137.4417”
fmt.Println(curiosity)                       // 打印出“{-4.5895 137.4417}”
```

**注意** 使用 Print 类函数可以打印出结构的内容。

好奇号火星探测器从布莱德柏利着陆点开始它的火星探索旅程，该着陆点位于南纬 4°35′22.2″，东经 137°26′30.1″。代码清单 21-1 使用十进制度方式表示纬度和经度，在这种表示方式中，正数纬度表示北纬，而正数经度则表示东经，如图 21-1 所示。

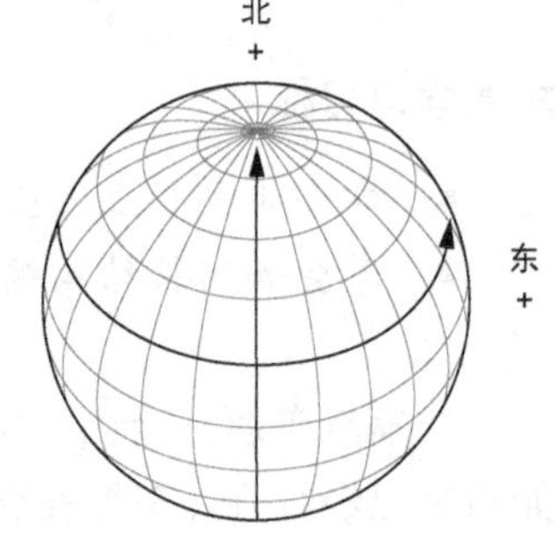


图 21-1 以十进制度表示纬度和经度

**速查 21-1**

1. 与独立的变量相比，使用结构有什么优势？
2. 布莱德柏利着陆点比火星的“海平面”低大概 4400 米。如果 curiosity 结构有一个 altitude（海拔）字段，那么你该如何将它赋值为-4400？

**速查 21-1 答案**

1. 结构可以把相关的值组合在一起，使它们更容易传递并且不易出错。
2. curiosity.altitude = -4400

## 21.2 通过类型复用结构

如果你需要在多个结构中使用同一个字段，那么可以像第 13 章中的 celsius 类型那样，为结构定义相应的类型。作为例子，代码清单 21-2 通过 location 类型演示了如何将勇气号火星探测器和机遇号火星探测器分别放置于哥伦比亚纪念站和挑战者纪念站。

**代码清单 21-2 location 类型：location.go**

```
type location struct {
    lat float64
    long float64
}

var spirit location
spirit.lat = -14.5684
spirit.long = 175.472636

var opportunity location
opportunity.lat = -1.9462
opportunity.long = 354.4734

fmt.Println(spirit, opportunity)
```

复用 location 类型

打印出“{-14.5684 175.472636} {-1.9462 354.4734}”

> **速查 21-2**
>
> 请修改代码清单 21-1，改用 location 类型表示位于布莱德柏利着陆点的好奇号火星探测器。

## 21.3 通过复合字面量初始化结构

在使用复合字面量初始化结构的时候，有两种不同形式可供选择。例如，代码清单 21-3 演示了如何通过成对的字段和值初始化 opportunity 变量和 insight 变量，这种形式的初始化可以按任何顺序给定字段，而没有给定的字段则会被初始化为类型对应的零值。通过成对的字段和值初始化结构的另一个好处是它可以容忍结构发生变化，并在结构添加新字段或是重新排列字段顺序的情况下继续正常工作。举个例子，如果 location 结构新增一个 altitude 字段，那么 opportunity 变量和 insight 变量都会把该字段的值初始化为 0。

---

**速查 21-2 答案**

```
var curiosity location
curiosity.lat = -4.5895
curiosity.long = 137.4417
```

**代码清单 21-3 通过成对的字段和值进行初始化的复合字面量：struct-literal.go**

```
type location struct {
    lat, long float64
}

opportunity := location{lat: -1.9462, long: 354.4734}
fmt.Println(opportunity)   ← 打印出"{-1.9462 354.4734}"

insight := location{lat: 4.5, long: 135.9}
fmt.Println(insight)   ← 打印出"{4.5 135.9}"
```

与代码清单 21-3 的做法不同，代码清单 21-4 中的复合字面量在初始化时并没有给出字段的名称，相反，这种初始化形式要求我们必须按照每个字段在结构中定义的顺序给出相应的值。按顺序给出值的初始化方式只适用于那些不会发生变化并且只包含少量字段的结构类型。举个例子，假如 `location` 结构新增一个 `altitude` 字段，那么为了让程序可以顺利通过编译，`spirit` 变量就必须为 `altitude` 字段指定一个值。另外，弄错 `lat` 字段和 `long` 字段的顺序虽然不会引发编译错误，但是会导致程序产生错误的结果。

**代码清单 21-4 只使用值进行初始化的复合字面量：struct-literal.go**

```
spirit := location{-14.5684, 175.472636}
fmt.Println(spirit)   ← 打印出"{-14.5684 175.472636}"
```

最后，正如代码清单 21-5 展示的那样，无论你使用何种方式对结构进行初始化，都可以在格式化变量`%v` 的前面加上加号`+`来打印出字段的名称，这种做法对于检视大型结构非常有用。

**代码清单 21-5 打印出结构的字段：struct-literal.go**

```
curiosity := location{-4.5895, 137.4417}

fmt.Printf("%v\n", curiosity)   ← 打印出"{-4.5895 137.4417}"
fmt.Printf("%+v\n", curiosity)   ← 打印出"{lat: -4.5895 long:137.4417}"
```

**速查 21-3**

与只给定值的初始化方式相比，给定成对的字段和值的初始化方式有哪些优势?

**速查 21-3 答案**

1. 字段可以按任意顺序给出。
2. 字段是可选的，未给出的字段将被初始化为零值。
3. 即使结构声明添加了新的字段或是重新排列了字段的顺序，初始化代码也不需要做任何修改。

## 21.4 结构被复制

正如代码清单 21-6 所示，当好奇号火星探测器从布莱德柏利着陆点向东行进至耶洛奈夫湾时，布莱德柏利着陆点的位置就如同现实中一样，不会发生任何变化。这是因为 curiosity 变量在初始化时复制了 bradbury 变量包含的值，所以这两个结构发生的变化不会对对方产生任何影响。

**代码清单 21-6 赋值将建立相应的副本：struct-value.go**

```
bradbury := location{-4.5895, 137.4417}
curiosity := Bradbury

curiosity.long += 0.0106      // 向东行进至耶洛奈夫湾

fmt.Println(bradbury, curiosity)      // 打印出“{-4.5895 137.4417} {-4.5895 137.4523}”
```

**速查 21-4**

如果我们将 curiosity 变量传递给函数，并在函数中对 lat 字段或 long 字段进行修改，那么调用者是否会看到这些修改？

## 21.5 由结构组成的切片

[]struct 用于表示由结构组成的切片，它的独特之处在于，切片包含的每个值都是一个结构而不是像 float64 这样的基本类型。

如果程序需要为火星探测器收集一系列着陆点，那么一个不好的做法是使用两个单独的切片来分别存储纬度和经度，就像代码清单 21-7 所示的那样。

**代码清单 21-7 两个浮点数切片：slice-struct.go**

```
lats := []float64{-4.5895, -14.5684, -1.9462}
longs := []float64{137.4417, 175.472636, 354.4734}
```

这种做法看上去就很糟糕，特别是在看过了本章前面介绍的 location 结构之后，更

---

**速查 21-4 答案**

不会，就像向函数传递数组只会得到数组的副本一样，向函数传递 curiosity 变量也只会得到该变量（结构）的副本。

这种做法看上去就很糟糕，特别是在看过了本章前面介绍的 location 结构之后，更是如此。当我们由于记录海拔数据等原因而添加更多切片的时候，情况还会变得更为严重。在编辑已有切片的时候，一不小心可能就会导致不同切片之间出现数据错位，甚至产生长短不一的切片。

解决上述问题的更好办法是创建一个由 location 结构组成的切片，从而使得每个位置都能够成为一个独立的单元。然后我们就可以像代码清单 21-8 所示的那样，通过着陆点名称以及其他所需字段创建出更多位置。

**代码清单 21-8　由 location 结构组成的切片：slice-struct.go**

```
type location struct {
    name string
    lat float64
    long float64
}

locations := []location{
    {name: "Bradbury Landing", lat: -4.5895, long: 137.4417},
    {name: "Columbia Memorial Station", lat: -14.5684, long: 175.472636},
    {name: "Challenger Memorial Station", lat: -1.9462, long: 354.4734},
}
```

**速查 21-5**

使用多个相互关联的切片有什么坏处？

## 21.6　将结构编码为 JSON

JavaScript 对象表示法（JavaScript Object Notation, JSON）是 Douglas Crockford 推广的一种标准数据格式，它原本只是 JavaScript 语言的一个子集，但现在已经得到了其他编程语言的广泛支持。JSON 常常被用于 Web API（应用程序接口），其中包括 MAAS API，这个接口提供了好奇号火星探测器记录的天气数据。

正如代码清单 21-9 所示，来自 json 包的 Marshal 函数将把 location 结构中的数据编码为 JSON 格式，并以字节形式返回编码后的 JSON 数据。这些数据既可以通过网络进

**速查 21-5 答案**

这种做法很容易在不同切片之间引发数据错位。

行传输，也可以转换为字符串以便打印。Marshal 函数在某些情况下还会返回一个错误，不过对于这个主题我们需要等到第 28 章再讨论。

**代码清单 21-9 序列化 location 结构：json.go**

```
package main

import (
    "encoding/json"
    "fmt"
    "os"
)

func main() {
    type location struct {          字段必须以大写字母开头
        Lat, Long float64
    }

    curiosity := location{-4.5895, 137.4417}

    bytes, err := json.Marshal(curiosity)
    exitOnError(err)
                                     打印出 “{"Lat":-4.5895, "Long":137.4417}”
    fmt.Println(string(bytes))
}
// exitOnError 打印所有错误和退出信息
func exitOnError(err error) {
    if err != nil {
        fmt.Println(err)
        os.Exit(1)
    }
}
```

正如代码清单 21-9 所示，编码得出的 JSON 数据的键与 location 结构的字段名是一一对应的。需要注意的是，Marshal 函数只会对结构中被导出的字段实施编码。换句话说，如果上例中 location 结构的 Lat 字段和 Long 字段都以小写字母开头，那么编码的结果将会是{}。

**速查 21-6**

JSON 这一简称代表什么意思?

---

**速查 21-6 答案**

JSON 是 JavaScript Object Notation 的简称，意为“JavaScript 对象表示法”。

## 21.7 使用结构标签定制JSON

Go语言的json包要求结构中的字段必须以大写字母开头，并且包含多个单词的字段名称必须使用类似CamelCase这样的驼峰形命名惯例，但是有时候我们也会想要让JSON数据使用类似snake_case这样的蛇形命名惯例，特别是在与Python或者Ruby等语言进行交互的时候更是如此。为了解决这个问题，我们可以对结构中的字段打标签（tag），使json包在编码数据的时候能够按照我们的意愿修改字段的名称。

跟前面的代码清单21-9相比，代码清单21-10唯一的修改就是引入了能够改变Marshal函数输出结果的结构标签。正如之前所述，Lat字段和Long字段都必须是被导出的字段，这样json包才能处理它们。

**代码清单21-10　定制location结构中的字段：json-tags.go**

```
type location struct {
    Lat float64 `json:"latitude"`
    Long float64 `json:"longitude"`
}

curiosity := location{-4.5895, 137.4417}

bytes, err := json.Marshal(curiosity)
exitOnError(err)

fmt.Println(string(bytes))
```

使用结构标签改变输出

打印出“{"latitude":-4.5895, "longitude":137.4417}”

正如代码清单21-10所示，结构标签实际上就是一段与结构字段相关联的字符串。这里之所以使用被``包围的原始字符串字面量而不使用被""包围的普通字符串字面量，只是为了省下一些使用反斜杠转义引号的功夫而已。具体来说，如果我们把上例中的结构标签从原始字符串字面量改成普通字符串字面量，那么就需要把它改写成更难读也更麻烦的"json:\"latitude\""才行。

结构标签的格式为key:"value"，其中键的名称通常是某个包的名称。例如，为了定制Lat字段在JSON编码和XML编码时的输出，我们可以将该字段的结构标签设置成`json:"latitude"xml:"latitude"`。

另外，正如名称“结构标签”所暗示的那样，这一特性只适用于结构中的字段，虽然json.Marshal函数除了能够编码结构，还能够编码其他类型。

**速查 21-7**

为什么在编码 JSON 数据的时候，`Lat` 字段和 `Long` 字段必须以大写字母开头？

## 21.8 小结

- 结构可以把多个值打包组合成一个单元。
- 结构也是值，它在被赋值或者被传递至函数的时候都会产生相应的副本。
- 复合字面量为初始化结构提供了一种便利的手段。
- 结构标签可以通过额外的信息修饰被导出的字段，并且这些信息还能够为包所用。
- `json` 包可以通过结构标签控制输出的字段名。

为了检验你是否已经掌握了上述知识，请尝试完成以下实验。

### 实验：landing.go

请编写一个程序，它能够以 JSON 格式打印出代码清单 21-8 中 3 台探测器的着陆点。被打印的 JSON 数据必须包含每个着陆点的名称，并使用代码清单 21-10 中展示的结构标签特性。

此外，请使用 `json` 包中的 `MarshalIndent` 函数让打印输出变得更加美观和易读。

**速查 21-7 答案**

因为只有在字段被导出的情况下，json 包才能够对它们实施编码。

# 第 22 章　Go 没有类

**本章学习目标**

- 学会通过编写方法为结构化数据提供行为
- 学会应用面向对象设计原则

Go 语言跟传统编程语言不一样，它既不支持类和对象，也不支持继承。不过，Go 语言提供了结构和方法，通过组合这两者就可以实现面向对象设计的相关概念，本章将对此进行介绍。

**请考虑这一点**

协同效应是企业家圈子常见的行话，它表达的实际上就是"一加一大于二"的意思。Go 语言具有类型和基于类型的方法，还有结构。通过组合这 3 项特性，Go 语言可以在不引入新特性的情况下，实现其他语言中类（class）所能提供的大部分功能。

除此之外，你知道 Go 语言还有哪些方面可以通过组合产生更强大的功能吗?

## 22.1　将方法绑定到结构

在前面的第 13 章，我们曾经将 `celsius` 方法和 `fahrenheit` 方法绑定到 `kelvin` 类型以实现温度转换。实际上，无论自定义类型的底层是 `float64` 这样的基本类型还是 `struct`，这种为自定义类型绑定方法的做法都是可行的。

要实现这一想法首先要做的就是声明一个类型，就像代码清单 22-1 中所示的 coordinate 那样。

**代码清单 22-1 coordinate 类型：coordinate.go**

```
// 使用度/分/秒格式的坐标表示东西南北半球
type coordinate struct {
    d, m, s float64
    h       rune
}
```

在 DMS 格式（degrees/minutes/seconds，度/分/秒）中，分和秒表示的是位置而不是时间，其中每 60 秒（″）为一分，每 60 分（′）为一度。例如，布莱德柏利着陆点的位置用 DMS 格式表示就是南纬 4°35′22.2″东经 137°26′30.1″。

之后，我们可以通过为 coordinate 类型绑定 decimal 方法，将 DMS 格式的坐标转换为十进制度格式，如代码清单 22-2 所示。

**代码清单 22-2 decimal 方法：coordinate.go**

```
// decimal 方法会将 DMS 格式的坐标转换为十进制度格式
func (c coordinate) decimal() float64 {
    sign := 1.0
    switch c.h {
    case 'S', 'W', 's', 'w':
        sign = -1
    }
    return sign * (c.d + c.m/60 + c.s/3600)
}
```

这样一来，程序就可以提供更为友好的 DMS 格式坐标，并在需要进行计算时将其转换为十进制度：

```
// 布莱德柏利着陆点：南纬 4°35'22.2"，东经 137°26'30.1"
lat := coordinate{4, 35, 22.2, 'S'}
long := coordinate{137, 26, 30.12, 'E'}

fmt.Println(lat.decimal(), long.decimal())
```

打印出“-4.5895 137.4417”

**速查 22-1**

在代码清单 22-2 中，decimal 方法的接收者是谁？

**速查 22-1 答案**

decimal 方法的接收者是 coordinate 类型的 c。

## 22.2　构造函数

如果你想要基于 DMS 坐标构建一个十进制度位置，那么可以在使用以下复合字面量的同时调用代码清单 22-2 中的 decimal 方法：

```
type location struct {
    lat, long float64
}

curiosity := location{lat.decimal(), long.decimal()}
```

另外，如果你想要在初始化结构的同时做更多事情，那么可以考虑编写一个构造函数。例如，代码清单 22-3 就声明了一个名为 newLocation 的构造函数。

代码清单 22-3　创建新位置：construct.go

```
// newLocation 函数会根据 DMS 格式的纬度坐标和经度坐标，创建出相应的十进制度位置
func newLocation(lat, long coordinate) location {
    return location{lat.decimal(), long.decimal()}
}
```

传统的编程语言通常会把构造对象的构造器设置成特殊的语言特性，如 Python 的 __init__ 方法、Ruby 的 initialize 方法和 PHP 的 __construct() 方法等。跟上述语言不同，Go 语言并没有为构造器提供特殊的语言特性，而是选择了名称格式为 newType 或者 NewType 的函数用于构造指定类型的值，至于函数名首字母的大小写则由函数是否需要导出以供其他包使用来决定，参见第 12 章。

作为例子，上面的 newLocation 函数就是一个遵循上述构造器命名惯例的普通函数，我们可以像使用其他函数一样使用它：

```
curiosity := newLocation(coordinate{4, 35, 22.2, 'S'}, coordinate{137, 26, 30.12, 'E'})
fmt.Println(curiosity)    ← 打印出"{-4.5895 137.4417}"
```

除 newLocation 之外，如果你还想根据其他输入构造位置值，那么只需要声明多个函数并为它们赋予合适的名称即可。例如，如果你想要构造 DMS 格式的位置和十进制度格式的位置，那么只需要分别声明 newLocationDMS 函数和 newLocationDD 函数。

**注意** 因为在 Go 语言中调用函数的时候需要给定函数所属的包名作为前缀，所以有些包也会把它们的构造函数命名为 New 函数，例如，errors 包就是这样做的。毕竟和 errors.NewError 相比，errors.New 要显得简洁明了得多。

**速查 22-2**

你会如何命名一个为 Universe 类型创建变量的构造函数？

## 22.3 类的替代品

Go 语言与 Python、Ruby、Java 等传统语言不一样，它没有提供类，而是通过结构和方法来满足相同的需求。如果我们仔细地研究 Go 的这一策略，那么就会发现它跟传统语言做法的区别并不大。

为了阐明这一观点，我们需要从头开始构建一个全新的 world 类型。正如代码清单 22-4 所示，world 类型有一个记录行星半径的字段，这个字段将用于计算行星中两个位置之间的距离。

**代码清单 22-4 全新的 world 类型：world.go**

```
type world struct {
    radius float64
}
```

火星的测定半径为 3389.5 km，与其将这个值声明为常量，不如通过 world 类型将火星声明为一个世界：

```
var mars = world{radius: 3389.5}
```

**速查 22-2 答案**

按照惯例，我们可以把这个函数命名为 NewUniverse，如果该函数不需要被导出，那么可以将其命名为 newUniverse。

之后，我们需要将 distance 绑定为 world 类型的方法，使得它可以访问类型中的 radius 字段。被绑定的 distance 方法接受两个 location 类型的形参作为输入，然后以千米为单位返回两个位置之间的距离：

```
func (w world) distance(p1, p2 location) float64 {
                                    ← 待办事项：执行一些需要用到 w.raduis 的数学计算
}
```

为了执行具体的计算，我们还需要导入 math 包，就像这样：

```
import "math"
```

因为 location 类型使用角度表示纬度和经度，而标准库中的数学函数则以弧度为单位，所以我们需要使用以下函数执行必要的转换操作（假定圆为 360°或 2π 弧度）：

```
// rad 函数会将角度转换为弧度
func rad(deg float64) float64 {
    return deg * math.Pi / 180
}
```

计算两个位置之间的距离需要用到许多三角函数，其中包括正弦、余弦和反余弦。数学基础好的读者可以到相关网站查找相应的公式，然后通过研究余弦球面定律来理解计算的原理。虽然火星并不是完美的球体，但这个公式计算出的近似值已经足以实现我们的构想：

```
// distance 使用余弦球面定律计算两个位置之间的距离
func (w world) distance(p1, p2 location) float64 {
    s1, c1 := math.Sincos(rad(p1.lat))
    s2, c2 := math.Sincos(rad(p2.lat))
    clong := math.Cos(rad(p1.long - p2.long))
    return w.radius * math.Acos(s1*s2+c1*c2*clong)   ← 使用 world 结构的 radius 字段
}
```

distance 方法为了计算距离使用了大量的数学知识，但能否完全理解这些数学知识并不是本章的重点，你只要保证方法能够返回正确的结果即可，千万不要被这些公式吓倒了！

在实现 distance 方法之后，我们可以声明一些位置，并使用之前声明的 mars 变量实际地执行距离计算操作：

```
spirit := location{-14.5684, 175.472636}
opportunity := location{-1.9462, 354.4734}

dist := mars.distance(spirit, opportunity)   ← 使用 mars 变量的 distance 方法
fmt.Printf("%.2f km\n", dist)   ← 打印出“9669.71 km”
```

如果你的计算得出了不同的结果，那么请检查你键入的代码，并确保它们跟原来的代码完全一致。例如，如果代码里面缺少了某个 rad 调用，那么你将得到一个错误的结果。如果你经过再三尝试还是以失败告终，那么请从本书的 GitHub 下载相应的代码，并通过复制和粘贴解决这个问题。

为了计算出火星上两个位置之间的距离，distance 方法使用了火星的半径，但计算所用的公式实际上是为地球而写的。通过将 distance 声明为 world 类型的方法，我们可以将该方法用于计算其他世界（如地球）上两个位置之间的距离，而不仅仅是火星。作为行星数据表格的其中一部分，表 22-2 列出了各颗行星的半径数据。

**速查 22-3**

跟其他非面向对象方式相比，将 distance 定义为 world 类型的方法有什么好处？

## 22.4 小结

- Go 语言通过组合结构和方法，在没有引入任何新特性的情况下在很大程度上实现了传统语言的面向对象特性。
- Go 语言没有为构造函数提供特殊的语言特性，构造函数和其他函数一样只是普通的函数。

为了检验你是否已经掌握了上述知识，请尝试完成以下实验。

### 实验：landing.go

请使用代码清单 22-1、代码清单 22-2 和代码清单 22-3 中的代码编写一个程序，它可以为表 22-1 中的每个位置声明相应的 location 结构，并使用十进制度格式打印出这些位置。

### 实验：distance.go

请使用代码清单 22-4 中的 distance 方法编写一个程序，它可以计算出表 22-1 中每一对着陆点之间的距离，并回答以下问题：

- 哪两个着陆点之间的距离最近？
- 哪两个着陆点之间的距离最远？

**速查 22-3 答案**

通过将 distance 定义为 world 类型的方法，我们获得了一种在不同世界计算位置间距离的办法，并且这种办法还相当简洁，因为 distance 方法本身就可以访问世界的半径，所以我们并不需要将测定半径传递至该方法。

之后，请基于表 22-2 定义出新的世界，并执行以下计算。

- 计算出英国伦敦（北纬 51°30′，西经 0°08′）至法国巴黎（北纬 48°51′，东经 2°21′）之间的距离。
- 计算出你所在的城市与首都之间的距离。
- 计算出火星上夏普山（南纬 5°4′48″，东经 137°51′）和奥林帕斯山（北纬 18°39′，东经 226°12′）之间的距离。

**表 22-1 火星上的着陆点**

| 探测器或着陆器 | 着陆点 | 纬度 | 经度 |
| --- | --- | --- | --- |
| 勇气号 | 哥伦比亚纪念站 | 南纬 14°34′6.2″ | 东经 175°28′21.5″ |
| 机遇号 | 挑战者纪念站 | 南纬 1°56′46.3″ | 东经 354°28′24.2″ |
| 好奇号 | 布莱德柏利着陆地 | 南纬 4°35′22.2″ | 东经 137°26′30.1″ |
| 洞察号 | 埃律西昂平原 | 北纬 4°30′0.0″ | 东经 135°54′0″ |

**表 22-2 各行星的测定半径**

| 行星 | 半径/km | 行星 | 半径/km |
| --- | --- | --- | --- |
| 水星 | 2439.7 | 木星 | 69911 |
| 金星 | 6051.8 | 土星 | 58232 |
| 地球 | 6371.0 | 天王星 | 25362 |
| 火星 | 3389.5 | 海王星 | 24622 |

# 第 23 章　组合与转发

**本章学习目标**

- 学会通过组合合并多个结构
- 学会将方法转发至其他方法
- 学会将传统的类继承抛诸脑后

环顾四周，我们目之所及的一切都由各司其职的更小部分组成。例如，人们都有身体和四肢，而四肢又包括手指或脚趾；花都有花瓣和茎；火星探测器都有轮子、踏板和完整的子系统如漫游者环境监测站（REMS）。

在面向对象编程的世界中，对象同样会由更小的对象组合而成。计算机科学把这种行为称为对象组合或者简称组合。

Go 通过结构实现组合，并通过名为嵌入的特殊语言特性实现方法转发。本章将以漫游者环境监测站中虚构的天气报告为背景，演示组合和嵌入的使用方法。

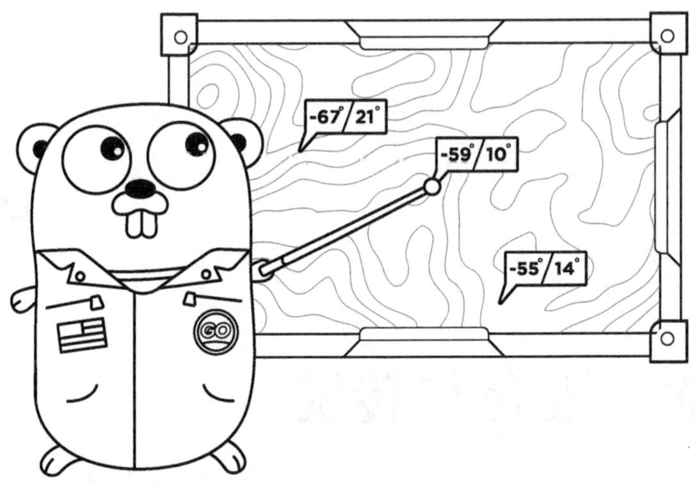


**请考虑这一点**

设计层级并不是一件容易的事情。在为动物世界设计层级的时候，我们可能会尝试把具有相同行为的动物都归类为一组。哺乳动物既有在陆地上行走的，也有在水里游泳的，而蓝鲸也会哺育它们的后代，因此为它们归类并不是一件容易的事情。除此之外，对层级进行修改也是一件非常不容易的事情，一点点细小的改变可能就会产生广泛的影响。

相比之下，组合则是一种更为简单和灵活的方法。你只需要实现行走、游泳、哺育和其他行为，然后为每种动物关联适当的行为即可。

顺带一提的是，如果你设计了一个机器人，那么你甚至可以在它身上复用为动物设计的行走行为。

## 23.1 合并结构

一份天气报告通常会包含多种数据，如最高温度和最低温度、当前的火星日日期以及位置。正如代码清单 23-1 所示，表示上述数据最简单的方法，就是把所有需要的字段都放到单个 report 结构里面。

**代码清单 23-1　未合并的单一结构：unorganized.go**

```
type report struct {
    sol int
    high, low float64
    lat, long float64
}
```

代码清单 23-1 中的 report 结构混合了多种不同的数据。当天气报告需要包含风速和风向、压力、湿度、季节、日出和日落等更多数据的时候，这种做法将变得相当笨拙。

幸运的是，我们可以通过结构和组合对关联的字段进行分组。代码清单 23-2 展示了一个由 temperature 结构和 location 结构组合而成的 report 结构。

**代码清单 23-2 位于结构中的结构：compose.go**

```
type report struct {
    sol int
    temperature temperature    // temperature 字段的值是一个 temperature 类型的结构
    location location
}

type temperature struct {
    high, low celsius
}

type location struct {
    lat, long float64
}

type celsius float64
```

在定义了上述类型之后，我们就可以通过位置和温度数据，构造出以下天气报告：

```
bradbury := location{-4.5895, 137.4417}
t := temperature{high: -1.0, low: -78.0}
report := report{sol: 15, temperature: t, location: bradbury}

fmt.Printf("%+v\n", report)    // 打印出"{sol:15 temperature:{high:-1 low:-78} location:{lat:-4.5895 long:137.4417}}"

fmt.Printf("a balmy %v° C\n", report.temperature.high)    // 打印出"a balmy -1℃"
```

再次回顾代码清单 23-2 可以发现，high 和 low 现在明确指的是温度，反观在代码清单 23-1 中，这两个字段的定义是相当模糊的。

在使用较小的类型构造出天气报告之后，我们可以通过为每种类型绑定方法来进一步组织代码。例如，我们可以通过编写代码清单 23-3 所示的方法来计算平均温度。

**代码清单 23-3 average 方法：average.go**

```
func (t temperature) average() celsius {
    return (t.high + t.low) / 2
}
```

temperature 类型和 average 方法可以在天气报告之外独立使用，就像这样：

```
t := temperature{high: -1.0, low: -78.0}
fmt.Printf("average %vo C\n", t.average())    // 打印出"average -39.5℃"
```

如果你创建了一个天气报告，同样可以通过 temperature 字段访问 average 方法：

```
report := report{sol: 15, temperature: t}
fmt.Printf("average %vo C\n", report.temperature.average())
```

打印出“average –39.5℃”

如果你想要通过 report 类型直接访问平均温度，那么没有必要重复代码清单 23-3 中的逻辑，而只需要编写一个转发至实际实现的方法：

```
func (r report) average() celsius {
    return r.temperature.average()
}
```

通过使用这个从 report 转发至 temperature 的方法，我们能够方便地访问 report.average()方法，并且继续使用小型类型构建代码。本章接下来的内容将会介绍一项 Go 特性，它能够令转发方法变得异常轻松。

**速查 23-1**

比较代码清单 23-1 和代码清单 23-2，你更喜欢哪一个，原因是什么？

## 23.2　实现自动的转发方法

转发方法能够令方法变得更易用。想象一下，如果你向好奇号探测器查询火星的天气情况，那么探测器可能会将这一请求转发至漫游者环境监测站，而后者又会继续将请求转发至温度计以确定火星上的气温。通过转发，你不必知道方法的具体路径，你只需要询问好奇号探测器即可。

话虽如此，但如果每次进行转发都要像代码清单 23-3 那样手动编写方法，那么转发方法将变得相当不便，更别说这些重复的样板代码会给程序带来额外的复杂性了。

好在 Go 语言可以通过结构嵌入实现自动的转发方法。为了将类型嵌入结构，我们只需要像代码清单 23-4 所示的那样，在不给定字段名的情况下指定类型即可。

**代码清单 23-4　结构嵌入：embed.go**

```
type report struct {
    sol         int
    temperature
    location
}
```

将 temperature 类型嵌入 report 中

**速查 23-1 答案**

代码清单 23-2 的结构组织得更好，temperature 和 location 被分割到了独立可复用的结构当中。

这样一来，temperature 类型的所有方法将自动为 report 类型所用：

```
report := report{
    sol:         15,
    location:    location{-4.5895, 137.4417},
    temperature: temperature{high: -1.0, low: -78.0},
}

fmt.Printf("average %vo C\n", report.average())
```

打印出“average –39.5℃”

将类型嵌入结构不需要指定字段名，结构会自动为被嵌入的类型生成同名的字段。上面声明的 report 类型的 temperature 字段就是一个例子：

```
fmt.Printf("average %vo C\n", report.temperature.average())
```

打印出“average –39.5℃”

嵌入不仅会转发方法，还能够让外部结构直接访问内部结构中的字段。例如，除 report.temperature.high 之外，我们还能够通过访问 report.high 获取天气报告的最高温度：

```
fmt.Printf("%vo C\n", report.high)
report.high = 32
fmt.Printf("%vo C\n", report.temperature.high)
```

打印出“–1℃”
打印出“32℃”

正如所见，对 report.high 的修改也将见诸 report.temperature.high，这两个字段只是访问相同数据的不同手段而已。

除了结构，我们还可以将任意其他类型嵌入结构。例如，在代码清单 23-5 中，虽然 sol 类型的底层类型只是一个简单的 int，但它也跟 location 和 temperature 两个结构一样被嵌入了 report 结构里面。

**代码清单 23-5 嵌入其他类型：sol.go**

```
type sol int

type report struct {
    sol
    location
    temperature
}
```

在此之后，基于 sol 类型声明的所有方法都能够通过 sol 字段或者 report 类型进行访问：

```
func (s sol) days(s2 sol) int {
    days := int(s2 - s)
    if days < 0 {
        days = -days
    }
    return days
```

```
}

func main() {
    report := report{sol: 15}

    fmt.Println(report.sol.days(1446))
    fmt.Println(report.days(1446))
}
```

打印出“1431”

**速查 23-2**

1. 结构可以嵌入什么类型？
2. 访问 report.lat 字段是否合法？如果合法，那么在代码清单 23-4 中它指向的是哪个字段？

## 23.3　命名冲突

在实现天气报告功能之后，我们还想知道探测器从一个位置移动到另一个位置需要多少天。考虑到好奇号探测器每天可以移动 200 m 左右，我们可以像代码清单 23-6 所示的那样，通过为 location 类型添加 days 方法来完成相应的数学计算。

**代码清单 23-6　具有相同名称的另一个方法：collision.go**

```
func (l location) days(l2 location) int {
    // 待办事项：复杂的距离计算
    return 5
}
```

具体的计算公式参见第 22 章

现在，report 结构嵌入了 sol 和 location 两种类型，并且它们都具有名为 days 的方法。

好消息是，如果程序里面没有任何代码尝试调用 report 类型的 days 方法，那么 Go 编译器只会指出这个命名冲突，程序仍然可以继续运行。

但如果 report 类型的 days 方法被调用了，那么 Go 编译器将报告一个错误，因为它不知道自己应该调用 sol 类型的方法还是调用 location 类型的方法：

```
d := report.days(1446)
```

report.days 是一个有歧义的选择器

**速查 23-2 答案**

1. 所有类型都能够嵌入结构。
2. 访问 report.lat 字段是合法的，它等同于 report.location.lat 字段。

解决有歧义选择器问题的办法非常直观。我们只需要为 report 类型实现一个 days 方法，那么它的优先级就会高于嵌入类型的其他同名方法。你可以手动转发新的 days 方法至指定的嵌入类型，也可以执行一些其他操作：

```
func (r report) days(s2 sol) int {
    return r.sol.days(s2)
}
```

**这不是我要找的继承**

诸如 C++、Java、PHP、Python、Ruby 和 Swift 这样的传统语言都可以使用组合，但它们也支持一种名为继承的语言特性。

继承是思考软件设计的另一种方式。在使用继承的情况下，因为火星探测器属于车辆中的一种，所以它将继承车辆共有的全部功能。

在使用组合的情况下，火星探测器将具有引擎、车轮以及提供探测器所需功能的其他部件。卡车也许可以复用其中的几个部件，但是这种复用与车辆类型或者层级下降无关。

跟使用继承相比，使用组合构建的软件通常更灵活、复用程度更高并且更容易修改。实际上这种说法并不新鲜，例如以下金玉良言早在 1994 年就出现了：

应该优先使用对象组合而不是类继承。

——四人组，《设计模式：可复用面向对象软件的基础》

人们在刚开始接触嵌入的时候，可能会先入为主地把它跟继承画等号，但事实并非如此：它们不仅是思考软件设计的不同方法，在技术上也有一些微妙的区别。

例如，在代码清单 23-3 中，即使是在通过 report 实施转发的情况下，average() 的接收者也总会是 temperature 类型。但是在使用委托或是继承的情况下，接收者的类型也许就变成了 report（虽然 Go 并没有提供委托或者继承）。这没什么大不了的，毕竟继承并不是必不可少的：

对传统继承的使用并不是必需的；所有使用继承解决的问题都可以通过其他方法解决。

—— Sandi Metz，《面向对象设计实践指南：Ruby 语言描述》

因为 Go 是一种独立的新语言，所以它能够身体力行，甩掉老旧范式的包袱。

**速查 23-3**

如果多种嵌入类型都实现了同名的方法，那么 Go 编译器会报错吗？

**速查 23-3 答案**

Go 编译器只会在同名方法被调用的情况下报错。

## 23.4　小结

- 组合是一种将大型结构分解为小型结构并把它们合并在一起的技术。
- 嵌入使外部结构能够访问内部结构的字段。
- 当类型被嵌入结构之后，它的方法将自动实现转发。
- 如果多个嵌入类型具有同名的方法，并且这些方法被程序调用了，那么 Go 语言将提示命名冲突。

为了检验你是否已经掌握了上述知识，请尝试完成以下实验。

### 实验：gps.go

请编写一个程序，使用 `gps` 结构表示全球定位系统（Global Positioning System，GPS）。这个结构应该由两个 `location` 结构和一个 `world` 结构组成，其中前者用于表示当前位置和目标位置，而后者则用于表示位置所在的世界。

请为 `location` 类型实现 `description` 方法，该方法可以返回一个包含名称、纬度和经度的字符串。至于 `world` 类型则应该根据第 22 章介绍的数学知识实现计算距离的 `distance` 方法。

请为 `gps` 类型绑定两个方法。第一个是 `distance` 方法，它用于计算当前位置和目标位置之间的距离。第二个是 `message` 方法，它会以字符串形式描述距离目的地还有多少 km。

最后，请创建 `rover` 结构并将 `gps` 嵌入其中，然后编写 `main` 函数来测试所有功能。请在测试函数中为火星初始化一个全球定位系统，并将它的当前位置设置为布莱德柏利着陆点(−4.5895, 137.4417)，而目标位置则设置为埃律西昂平原(4.5, 135.9)，然后创建 `curiosity` 探测器并使用 `message` 方法打印出相应的信息（该方法将被转发 `gps` 类型的同名方法）。

24

LESSON

# 第 24 章　接口

**本章学习目标**

- 学会让类型“说话”
- 学会按需使用接口
- 了解标准库中的接口
- 学会帮助人类免受火星入侵

如果你想要记录自己最新的想法，那么笔和纸并不是你唯一的工具，手边的蜡笔和餐巾也可以实现同样的目的。无论你是想要在笔记本上写备忘录、在工作用纸上写标语，还是在日记上写事项，蜡笔、耐久性记号笔和自动铅笔都可以满足你的需求。书写是非常灵活的。

Go 标准库提供了写入接口 `Writer`，你可以通过这个接口将文本、图像、逗号分隔值（CSV）和压缩档案等数据写入屏幕、磁盘文件或者 Web 请求的响应当中。`Writer` 非常灵活，Go 只需要这一个接口就可以将任意内容写入任何地方。

装有蓝色墨水的 0.5mm 圆珠笔是一件具体的物件，而书写工具却是一个模糊的概念。代码可以通过接口来表达抽象的概念，如“能够用于书写的物件”。关注物件的行为而不是它们的构成本身，这种通过接口进行表述的思维方式能够让代码更易于适应变化。

**请考虑这一点**

你身边有什么具体的东西？它们可以用来做什么？你可以用其他东西来达成同样的目的吗？这些东西有哪些共同的行为或接口？

## 24.1 接口类型

大多数类型关心的是自己存储的值，例如，整数类型用于存储整数，字符串类型用于存储文本，等等，但是接口类型不一样，它关注的是类型可以做什么而不是存储了什么值。

类型通过方法表达自己的行为，而接口则通过列举类型必须满足的一组方法来进行声明。作为例子，代码清单 24-1 声明了一个接口类型的变量。

代码清单 24-1 实现接口需要满足一组方法：talk.go

```
var t interface {
    talk() string
}
```

任何类型的任何值，只要它满足了接口的要求，就能够成为变量 t 的值。具体来说，无论是什么类型，只要它声明的名为 talk 的方法不接受任何实参并且返回字符串，那么它就满足了接口的要求。

代码清单 24-2 声明了两种满足上述要求的类型。

代码清单 24-2 满足接口的要求：talk.go

```
type martian struct{}

func (m martian) talk() string {
    return "nack nack"
}

type laser int

func (l laser) talk() string {
    return strings.Repeat("pew ", int(l))
}
```

正如代码清单 24-3 所示，虽然 martian 类型是一个不包含任何字段的结构，而 laser 类型则是一个整数，但是由于它们都提供了满足接口要求的 talk 方法，因此它们都能够被赋值给变量 t。

代码清单 24-3 多态：talk.go

```
var t interface {
    talk() string
}

t = martian{}
fmt.Println(t.talk())        // 打印出“nack nack”
```

```
t = laser(3)
fmt.Println(t.talk())
```

打印出“pew pew pew”

具备变形功能的变量 t 能够采用 martian 或者 laser 两种形式。用计算机科学家的话来讲就是接口通过多态让变量 t 具备了“多种形态”。

**注意** 在上面的代码清单中，martian 和 laser 不需要显式地声明它们实现了一个接口，这是 Go 和 Java 不一样的地方，这种做法的好处将在稍后说明。

为了便于复用，我们通常会把接口声明为类型并为其命名。按照惯例，接口类型的名称常常会以-er 作为后缀，例如，代码清单 24-4 就声明了一个 talker 接口用于表示所有能够说话的东西。

**代码清单 24-4 talker 类型：shout.go**

```
type talker interface {
    talk() string
}
```

接口类型可以用在其他类型能够使用的任何地方。例如，代码清单 24-5 中的 shout 函数接受 talker 类型的值作为形参。

**代码清单 24-5 大声喊出想说的话：shout.go**

```
func shout(t talker) {
    louder := strings.ToUpper(t.talk())
    fmt.Println(louder)
}
```

正如代码清单 24-6 所示，shout 函数能够处理任何一个满足 talker 接口的值，无论它的类型是 martian 还是 laser。

代码清单 24-6　大声呼喊：shout.go

```
shout(martian{})      ← 打印出“NACK NACK”
shout(laser(2))       ← 打印出“PEW PEW”
```

传递给 shout 函数的实参必须满足 talker 接口。例如，如果我们尝试将不满足 talker 接口的 crater 类型传递给 shout 函数，那么 Go 将拒绝编译程序：

```
type crater struct{}
shout(crater{})       ← crater 没有实现 talker 接口（缺少 talk 方法）
```

接口在修改代码和扩展代码的时候能够淋漓尽致地发挥其灵活性。例如，如果你声明了一个带有 talk 方法的新类型，那么 shout 函数将自动适用于它。此外，无论实现发生何种变化或者新增何种功能，那些只依赖接口的代码都不需要做任何修改。

值得注意的是，接口还可以跟第 23 章介绍的结构嵌入特性一同使用，例如，代码清单 24-7 将满足 talker 接口的 laser 类型嵌入了 starship 结构。

代码清单 24-7　通过嵌入满足接口：starship.go

```
type starship struct {
    laser
}

s := starship{laser(3)}

fmt.Println(s.talk())    ← 打印出“pew pew pew”
shout(s)                 ← 打印出“PEW PEW PEW”
```

将 laser 嵌入 starship 使得 starship 能够转发 laser 的 talk 方法，因此当我们尝试让 starship 开口说话的时候，laser 将为其代劳。与此同时，因为 starship 满足了 talker 接口，所以 shout 函数可以使用 starship 类型的值作为参数。

> 同时使用组合和接口将构成非常强大的设计工具。
>
> ——Bill Venners，JavaWorld 网站

**速查 24-1**

1. 修改代码清单 24-2 中 laser 类型的 talk 方法，阻止火星的激光枪发射，拯救人类免遭入侵。

2. 扩展代码清单 24-4，声明一个带有 talk 方法的 rover 类型并使方法返回 "whir whir"，最后再使用 shout 函数处理这个新类型。

## 24.2 探索接口

Go 语言允许在实现代码的过程中随时创建新的接口。任何代码都可以实现接口，包括那些已经存在的代码，本节将介绍一个这样的例子。

代码清单 24-8 将根据给定的日期和时间计算出虚构的星历。

**代码清单 24-8 计算星历：stardate.go**

```
package main

import (
    "fmt"
    "time"
)

// stardate 函数为给定日期返回一个虚构的星历
func stardate(t time.Time) float64 {
    doy := float64(t.YearDay())
    h := float64(t.Hour()) / 24.0
    return 1000 + doy + h
}

func main() {
    day := time.Date(2012, 8, 6, 5, 17, 0, 0, time.UTC)
    fmt.Printf("%.1f Curiosity has landed\n", stardate(day))
}
```

打印出 "1219.2 Curiosity has landed"

**速查 24-1 答案**

1.
```
func (l laser) talk() string {
    return strings.Repeat("toot ", int(l))
}
```
2.
```
type rover string
func (r rover) talk() string {
    return string(r)
}
func main() {
    r := rover("whir whir")
    shout(r)
}
```
打印出 "WHIR WHIR"

代码清单 24-8 中的 stardate 函数只能使用地球日期作为输入。为了解决这个问题，代码清单 24-9 声明了一个接口以供 stardate 使用。

**代码清单 24-9 星历接口：stardater.go**

```
type stardater interface {
    YearDay() int
    Hour() int
}

// stardate 函数返回虚构的星历
func stardate(t stardater) float64 {
    doy := float64(t.YearDay())
    h := float64(t.Hour()) / 24.0
    return 1000 + doy + h
}
```

因为标准库中的 time.Time 类型满足了 stardater 接口，所以代码清单 24-9 中的新 stardate 函数将能够继续处理地球日期。Go 语言的接口都是隐式满足的，这一特性在使用其他人编写的代码时特别有用。

**注意** 因为我们无法让 java.time 通过 implements stardater 显示声明自己实现了 stardater 接口，所以这种做法在诸如 Java 这样的语言中是无法实现的。

在具有 stardater 接口之后，我们就可以像代码清单 24-10 展示的那样，使用 sol 类型对代码清单 24-9 中展示的星历实现进行扩展。正如所见，sol 类型通过实现 YearDay 方法和 Hour 方法满足了 stardater 接口。

**代码清单 24-10 火星日实现：stardater.go**

```
type sol int

func (s sol) YearDay() int {
    return int(s % 668)          ← 一火星年有 668 个火星日
}

func (s sol) Hour() int {
    return 0          ← 小时数未知
}
```

正如代码清单 24-11 所示，现在 stardate 函数将能够同时处理地球日期和火星日。

**代码清单 24-11 投入使用：stardater.go**

```
day := time.Date(2012, 8, 6, 5, 17, 0, 0, time.UTC)
fmt.Printf("%.1f Curiosity has landed\n", stardate(day))   ← 打印出“1219.2 Curiosity has landed”

s := sol(1422)
```

```
fmt.Printf("%.1f Happy birthday\n", stardate(s))
```

打印出"1086.0 Happy birthday"

**速查 24-2**

隐式满足接口有什么好处?

## 24.3 满足接口

Go 标准库导出了很多只有单个方法的接口，人们可以在自己的代码中实现它们。

> Go 通过简单的、通常只有单个方法的接口……来鼓励组合而不是继承，这些接口在各个组件之间形成了简明易懂的界限。
>
> —— Rob Pike，"Go at Google: Language Design in the Service of Software Engineering"

例如，fmt 包就声明了以下所示的 Stringer 接口：

```
type Stringer interface {
    String() string
}
```

得益于这个接口，一种类型只要提供了 String 方法，它的值就能够为 Println、Sprintf 等打印函数所用。作为例子，代码清单 24-12 为 location 类型实现了一个 String 方法，它可以告诉 fmt 包该如何打印一个位置。

**代码清单 24-12　满足 stringer 接口：stringer.go**

```
package main

import "fmt"

// location 结构使用十进制度格式存储纬度和经度
type location struct {
    lat, long float64
}

// String 方法会对位置的纬度和经度进行格式化
func (l location) String() string {
    return fmt.Sprintf("%v, %v", l.lat, l.long)
}
```

**速查 24-2 答案**

你声明的接口可以由其他人编写的代码来满足，这种做法能够让代码变得更加灵活。

```
func main() {
    curiosity := location{-4.5895, 137.4417}
    fmt.Println(curiosity)    ← 打印出“-4.5895, 137.4417”
}
```

除了fmt.Stringer，标准库中常用的接口还包括io.Reader、io.Writer和json.Marshaler。

**提示** io.ReadWriter 接口为我们提供了一个接口嵌入的例子，它看上去和第 23 章展示的结构嵌入非常相似。不过由于接口和结构不一样，它既没有字段也没有绑定的方法，因此使用接口嵌入可以比结构嵌入少打一些字，但除此以外两者就没有什么区别了。

**速查 24-3**

请为 coordinate 类型编写 String 方法，并使用该方法以更为可读的方式打印出坐标数据。

```
type coordinate struct {
    d, m, s float64
    h       rune
}
```

请使你的程序打印出：Elysium Planitia is at 4°30'0.0" N, 135°54'0.0" E。

**速查 24-3 答案**

```
// String 方法会对 DMS 格式的坐标进行格式化
func (c coordinate) String() string {
    return fmt.Sprintf("%vo%v'%.1f\" %c", c.d, c.m, c.s, c.h)
}

// location 结构使用十进制度格式存储纬度和经度
type location struct {
    lat, long coordinate
}

// String 方法会对位置的纬度和经度进行格式化
func (l location) String() string {
    return fmt.Sprintf("%v, %v", l.lat, l.long)
}

func main() {
    elysium := location{
        lat:  coordinate{4, 30, 0.0, 'N'},
        long: coordinate{135, 54, 0.0, 'E'},
    }
    fmt.Println("Elysium Planitia is at", elysium)    ← 打印出“Elysium Planitia is at 4°30'0.0" N, 135°54'0.0" E”
}
```

## 24.4 小结

- 接口类型通过一组方法来指定所需的行为。
- 任何包中的新代码或者已有代码都可以隐式地满足接口。
- 结构可以通过嵌入满足接口的类型来满足接口。
- 遵循标准库示例，努力保持小型接口。

为了检验你是否已经掌握了上述知识，请尝试完成以下实验。

### 实验：marshal.go

请基于速查 24-3 的答案，扩展并编写一个用 JSON 格式输出坐标的程序。这个程序的 JSON 输出应该分别用十进制度（DD）和度/分/秒（DMS）两种格式提供每个坐标：

```
{
    "decimal": 135.9,
    "dms": "135°54'0.0\" E",
    "degrees": 135,
    "minutes": 54,
    "seconds": 0,
    "hemisphere": "E"
}
```

通过满足定制 JSON 数据的 `json.Marshaler` 接口，你应该无须修改坐标结构就能够达成上述目标。你在编写 `MarshalJSON` 方法的时候可以考虑使用 `json.Marshal` 函数。

**注意** *在计算十进制度的时候，你可以使用第 22 章介绍过的 `decimal` 方法。*

# 第 25 章　单元实验：火星上的动物避难所

虽然火星目前仍然被尘埃萦绕，但在遥远的未来，人类有可能会在这颗红色星球上舒适地生活。因为火星距离太阳更远、温度也更低，所以提高整个星球的温度将是改善气候和地表的第一步。等到水流出现、植物生长，就可以开始引入生物了。

> 在火星上可以种植热带树木并引入昆虫和一些小动物，至于生活在火星上的人类则仍然需要使用防毒面具来提供氧气以防止肺部吸入高浓度的二氧化碳。
>
> ——伦纳德·戴维，*Mars: Our Future on the Red Planet*

正如维基百科所示，火星大气层目前的二氧化碳含量约为 96%，改变这一点可能需要非常长的时间。在此之前，火星仍将是一个不一样的世界。

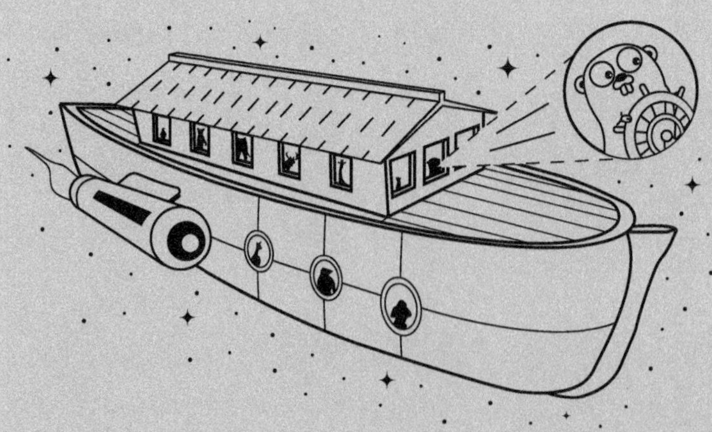

现在请发挥你的想象力，设想如果将一艘满载地球动物的方舟引入地球化之后的火星，

那么会发生什么事情？当气候变得适宜生命生存的时候，将涌现出哪些生命体？

你的任务是为火星上的第一个动物避难所创建模拟器。请创建几种不同类型的动物，为每种动物命名并通过实现 Stringer 接口来返回这些名字。

每种动物都应该拥有相应的移动方法 move 和进食方法 eat，其中前者用于返回动物的行动描述，而后者则用于随机返回动物喜欢的某种食物的名字。

请实现一个昼夜循环，并用它模拟 3 个 24 小时（共 72 小时）的火星日。所有动物从日出开始活动，日落之后开始睡觉。在白天的时候，每过 1 小时随机挑选一种动物随机完成一种动作（移动或进食），并在动作完成之后打印出相应的描述说明动物做了什么。

请在实现这个模拟器的时候使用结构和接口。

# 第6单元　深入Go语言

现在是时候挽起袖子开始实干，准备进一步深入Go编程当中。

你将要考虑内存的组织和共享方式，这会带来全新水平的控制和责任。你将要学习如何合理地使用 `nil`，并避免骇人的空指针解引用。除此之外，你还会看到熟练使用错误处理对提高程序可靠性的影响。

# 第 26 章　关于指针的二三事

**本章学习目标**

- 学会声明和使用指针
- 理解指针和随机访问存储器（RAM）之间的关系
- 了解指针的使用时机

当我们在街上散步的时候，常常会看到一些用于指引方位的地址和街道标识。你可能曾经遇到过这样一种情况，一家大门紧闭的商店在它的橱窗上贴出了道歉标语“抱歉，本店已乔迁新址！”，并在标语的下方给出新的地址。指针就有点儿像这个给出新地址的标语，它会把你指引至不同的地址。

指针是指向另一变量的地址的变量。在计算机科学中，指针是间接访问的一种形式，它是一种强有力的工具。

> 计算机科学的所有问题都可以通过另一层级的间接访问来解决。
>
> ——David Wheeler

指针虽然有用，但多年以来它们也引起了不少麻烦。以 C 语言为典型的旧式编程语言通常并不强调安全性，而许多崩溃事件和安全漏洞又都与滥用指针有着千丝万缕的关系，这最终导致了一些语言选择不将指针暴露给程序员。

Go 语言确实提供了指针，但同时也强调内存安全，它不会受到诸如迷途指针（也称野指针）等问题的困扰。这就好比你在根据新地址前往自己喜欢的商店时，不会莫名其妙地到了电影院的停车场一样。

如果你以前就了解过指针，那么请不要担心，因为 Go 语言的指针并没有你想象中的那么糟糕。但如果这是你第一次接触指针，那么也请不要紧张，因为 Go 语言是学习指针的安全之地。

**请考虑这一点**

就跟商店通过标识将客人指引至新地址一样，指针也会指引计算机应该在何处找到指定的值。除此之外，你还遇到过这种被指引至其他地方的场景吗？

## 26.1 &和*

Go 的指针采用了历史悠久并且广为人知的 C 语言指针语法。在这种语法中，我们需要特别关注`&`（与符号）和`*`（星号），并且正如后续内容所介绍的那样，星号具有两种用途。

变量会将它们的值存储在计算机的随机访问存储器里面，而值的存储位置则是该变量的*内存地址*。通过使用`&`表示的*地址操作符*，我们可以得到指定变量的内存地址。例如，在代码清单 26-1 中，我们就以十六进制数的形式打印出了变量 `answer` 的内存地址，尽管这个地址在你的计算机中可能会有所不同。

**代码清单 26-1 地址操作符：memory.go**

```
answer := 42
fmt.Println(&answer)    ← 打印出“0x1040c108”
```

程序打印出的数字就是计算机在内存中存储 42 的位置。幸运的是，我们只需要通过变量名 `answer` 就可以检索到这个值，而不必像计算机那样通过内存地址进行检索。

**注意** 地址操作符无法取得字符串字面量、数字字面量和布尔值字面量的地址，诸如&42 和&"another level of indirection"这样的语句将导致 Go 编译器报错。

地址操作符（&）提供值的内存地址，而它的反向操作解引用则提供内存地址指向的值。作为例子，代码清单 26-2 就通过在变量 address 的前面放置星号（*）来对其进行解引用。

**代码清单 26-2 解引用操作符：memory.go**

```
answer := 42
fmt.Println(&answer)          ← 打印出“0x1040c108”

address := &answer
fmt.Println(*address)         ← 打印出“42”
```

在代码清单 26-2 和图 26-1 中，address 变量虽然没有直接持有 answer 变量的值 42，但因为它持有 answer 变量的内存地址，所以知道在哪里能找到这个值。

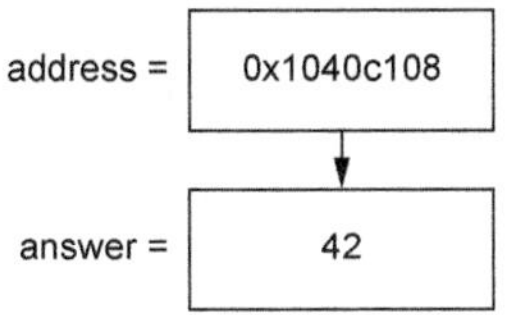


图 26-1 address 指向 answer

**注意** C 语言中的内存地址可以通过诸如 address++这样的指针运算进行操作，但 Go 语言不允许这种不安全的操作。

**速查 26-1**

1. 在代码清单 26-2 中执行 fmt.Println(*&answer)将打印出什么结果?
2. 乘法运算和解引用都需要用到星号（*），Go 编译器是如何区分这两种操作的?

## 指针类型

指针存储的是内存地址。

---

**速查 26-1 答案**

1. 因为该语句首先会使用&取得 answer 变量的内存地址，然后再使用*对该地址进行解引用，所以语句最终将打印出 answer 变量的值 42。
2. 乘法运算符是一个需要两个值的中缀操作符，而解引用操作符则会被放在单个变量的前面。

代码清单 26-2 定义的 address 变量实际上就是一个*int 类型的指针，代码清单 26-3 使用格式化变量%T 打印了它。

**代码清单 26-3　指针类型：type.go**

```
answer := 42
address := &answer

fmt.Printf("address is a %T\n", address)
```

打印出 “address is a int”

*int 中的星号表示这是一种指针类型。在这个例子中，它可以指向类型为 int 的其他变量。

指针类型可以跟其他普通类型一样，出现在所有需要用到类型的地方，如变量声明、函数形参、返回值类型、结构字段类型等。作为例子，代码清单 26-4 声明了一个指针类型的 home 变量。

**代码清单 26-4　声明指针：home.go**

```
canada := "Canada"

var home *string
fmt.Printf("home is a %T\n", home)

home = &canada
fmt.Println(*home)
```

打印出 “home is a string”

打印出 “Canada”

**提示**　将星号放在类型前面表示要声明指针类型，而将星号放在变量前面则表示解引用变量指向的值。

代码清单 26-4 中的 home 变量可以指向类型为 string 的任何变量，但与此同时，Go 编译器不会允许 home 指向除 string 类型之外的其他类型，如 int 类型。

**注意**　C 语言的类型系统可以轻而易举地使用同一个内存地址存储不同的类型。虽然这种做法在某些情况下可能会有用，但跟之前提到过的一样，Go 会避免这种潜在的不安全操作。

**速查 26-2**

1. 你会使用什么代码来声明一个指向整数的名为 address 的变量？
2. 你是如何区分代码清单 26-4 中声明指针变量和解引用指针这两个操作的？

**速查 26-2 答案**

1. var address *int
2. 将星号放置在类型前面表示声明指针类型，而将星号放置在指针变量的前面则表示解引用该变量指向的值。

## 26.2 指针的作用就是指向

Charles Bolden 于 2009 年 7 月 17 日成为美国国家航空航天局（NASA）局长，该职位的前任为 Christopher Scolese。通过使用指针表示局长一职，代码清单 26-5 可以将 administrator 指向任何当前正在供职的人，如图 26-2 所示。

代码清单 26-5 美国国家航空航天局局长：nasa.go

```
var administrator *string

scolese := "Christopher J. Scolese"
administrator = &scolese
fmt.Println(*administrator)     打印出“Christopher J. Scolese”

bolden := "Charles F. Bolden"
administrator = &bolden
fmt.Println(*administrator)     打印出“Charles F. Bolden”
```

| | |
|---|---|
| scolese = | Christopher J. Scolese |
| administrator = | 0xc42000e280 |
| bolden = | Charles F. Bolden |

图 26-2 administrator 指向 bolden

因为局长指针指向的是 bolden 变量，而不是存储该变量的副本，所以针对 bolden 变量的修改在同一个地方生效：

```
bolden = "Charles Frank Bolden Jr."
fmt.Println(*administrator)     打印出“Charles Frank Bolden Jr.”
```

通过解引用 administrator 来间接改变 bolden 的值也是可以的：

```
*administrator = "Maj. Gen. Charles Frank Bolden Jr."
fmt.Println(bolden)     打印出“Maj. Gen. Charles Frank Bolden Jr.”
```

把 administrator 赋值给 major 将产生一个同样指向 bolden 的字符串指针，如图 26-3 所示：

```
major := administrator
*major = "Major General Charles Frank Bolden Jr."
fmt.Println(bolden)     打印出“Major General Charles Frank Bolden Jr.”
```

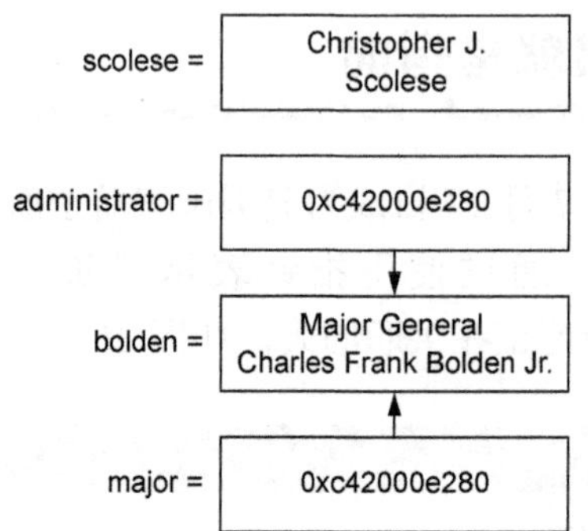


图 26-3　administrator 和 major 现在都指向 bolden

因为 administrator 和 major 两个指针现在都持有相同的内存地址，所以它们是相等的：

```
fmt.Println(administrator == major)    ← 打印出“true”
```

Charles Bolden 的后任 Robert M. Lightfoot Jr.于 2017 年 1 月 20 日开始任职。如图 26-4 所示，在发生这一变化之后，administrator 和 major 将不再指向同一内存地址：

```
lightfoot := "Robert M. Lightfoot Jr."
administrator = &lightfoot
fmt.Println(administrator == major)    ← 打印出“false”
```

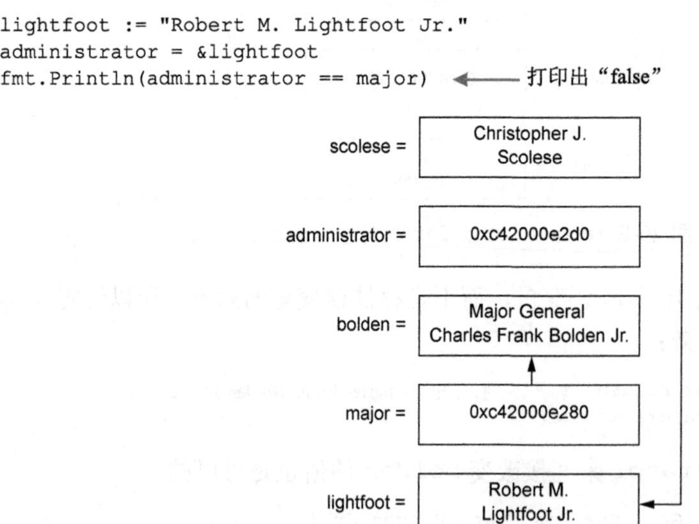


图 26-4　administrator 现在指向 lightfoot

把解引用 major 的结果赋值给另一个变量将产生一个字符串副本。在克隆完成之后，直接或间接修改 bolden 将不会影响 charles 的值，反之亦然：

```
charles := *major
*major = "Charles Bolden"       打印出“Major General Charles Frank Bolden Jr. ”
fmt.Println(charles)
fmt.Println(bolden)    ← 打印出“Charles Bolden”
```

正如接下来这段代码中的 charles 和 bolden 所示，即使两个变量持有不同的内存地址，但只要它们包含相同的字符串，它们就是相等的：

```
charles = "Charles Bolden"
fmt.Println(charles == bolden)      // 打印出“true”
fmt.Println(&charles == &bolden)    // 打印出“false”
```

在本节，我们通过解引用 administrator 指针和 major 指针来间接修改 bolden 的值，借此展示指针的作用，但实际上这些修改也可以通过直接赋值给 bolden 来完成。

**速查 26-3**

1. 代码清单 26-5 中使用指针的好处是什么？
2. 请说明语句 major := administrator 和 charles := *major 的作用。

### 26.2.1 指向结构的指针

因为指针经常会跟结构一同使用，所以 Go 语言的设计者为指向结构的指针提供了少量人体工程学设施。

与字符串和数字不一样，在复合字面量的前面可以放置地址操作符。例如，在代码清单 26-6 里面，timmy 变量持有指向 person 结构的内存地址。

**代码清单 26-6 person 结构：struct.go**

```
type person struct {
    name, superpower string
    age              int
}

timmy := &person{
    name: "Timothy",
    age:  10,
}
```

此外，在访问字段时对结构进行解引用并不是必需的。例如，代码清单 26-7 中的做法

**速查 26-3 答案**

1. 因为 administrator 变量指向 bolden 变量的内存地址，而不是存储 bolden 变量的副本，所以使用指针可以让修改在同一个地方生效。
2. 变量 major 是一个新创建的*string 指针，它持有和 administrator 相同的内存地址。至于 charles 则是一个字符串变量，它的值复制自 major 指针的解引用结果。

就比写下(*timmy).superpower 更可取。

**代码清单 26-7　复合字面量：struct.go**

```
timmy.superpower = "flying"

fmt.Printf("%+v\n", timmy)
```

打印出 “&{name:Timothy superpower:flying age:10}”

**速查 26-4**

1. 以下哪些是地址操作符的合法使用方式?
   a. 放置在字符串字面量的前面，如&"Timothy"
   b. 放置在整数字面量的前面，如&10
   c. 放置在复合字面量的前面，如&person{name: "Timothy"}
   d. 以上全部都是
2. 语句 timmy.superpower 和(*timmy).superpower 有何区别?

## 26.2.2　指向数组的指针

跟结构的情况一样，我们也可以通过将地址操作符（&）放置在数组复合字面量的前面来创建指向数组的指针。正如代码清单 26-8 所示，Go 也为数组提供了自动的解引用特性。

**代码清单 26-8　指向数组的指针：superpowers.go**

```
superpowers := &[3]string{"flight", "invisibility", "super strength"}

fmt.Println(superpowers[0])
fmt.Println(superpowers[1:2])
```

打印出 “flight”

打印出 “[invisibility]”

正如代码清单 26-8 所示，数组在执行索引或是切片操作的时候将自动实施解引用，我们没有必要写出更麻烦的(*superpowers)[0]。

**注意**　与 C 语言不一样，Go 语言中的数组和指针是两种完全独立的类型。

切片和映射的复合字面量前面也可以放置地址操作符（&），但 Go 语言并没有为它们提

**速查 26-4 答案**

1. 地址操作符可以合法地放置在变量和复合字面量前面，但不能放置在字符串字面量或整数字面量前面。
2. 因为 Go 会为字段自动实施指针解引用，所以上述两个语句在功能上没有任何区别，不过由于 timmy.superpower 更易读，因此它更可取一些。

供自动的解引用特性。

**速查 26-5**

当 superpowers 是一个指针或者数组时，有什么语句可以和(*superpowers)[2:]具有相同的执行效果?

## 26.3 实现修改

通过指针可以实现跨越函数和方法边界的修改。

### 26.3.1 将指针用作形参

Go 语言的函数和方法都以传值方式传递形参，这意味着函数总是基于被传递实参的副本进行操作。当指针被传递至函数时，函数将接收到传入内存地址的副本，在此之后，函数就可以通过解引用内存地址来修改指针指向的值。

代码清单 26-9 中的 birthday 函数接受一个类型为*person 的形参，这个形参使得函数可以在函数体中解引用指针并修改指针指向的值。跟代码清单 26-7 一样，birthday 函数在访问 age 字段的时候并不需要显式地解引用变量 p，它现在的做法比具有同等效果的(*p).age++更可取。

**代码清单 26-9 函数形参：birthday.go**

```
type person struct {
    name, superpower string
    age int
}

func birthday(p *person) {
    p.age++
}
```

正如代码清单 26-10 所示，为了让 birthday 函数能够正常运作，调用者需要向其传递一个指向 person 结构的指针。

**速查 26-5 答案**

基于 Go 为数组提供的自动解引用特性，语句 superpowers[2:]将具有相同的效果。

**代码清单 26-10　函数实参：birthday.go**

```
rebecca := person{
    name:       "Rebecca",
    superpower: "imagination",
    age:        14,
}

birthday(&rebecca)

fmt.Printf("%+v\n", rebecca)
```

打印出“{name:Rebecca superpower:imagination age:15}”

**速查 26-6**

1. 对代码清单 26-6 来说，以下哪行代码会返回 `Timothy 11`？
   a. `birthday(&timmy)`
   b. `birthday(timmy)`
   c. `birthday(*timmy)`
2. 对代码清单 26-9 和代码清单 26-10 来说，如果 `birthday(p person)` 函数不使用指针，那么 Rebecca 的岁数（age）将是多少？

## 26.3.2　指针接收者

方法的接收者和形参在处理指针方面是非常相似的。代码清单 26-11 中的 `birthday` 方法使用了指针作为接收者，使得方法可以对 `person` 结构的属性进行修改，这一行为与代码清单 26-9 中的 `birthday` 函数别无二致。

**代码清单 26-11　指针接收者：method.go**

```
type person struct {
    name string
    age int
}

func (p *person) birthday() {
    p.age++

}
```

**速查 26-6 答案**

1. 因为 `timmy` 变量已经是一个指针，所以正确的答案应该是 b：`birthday(timmy)`。
2. 如果 `birthday` 函数不使用指针，那么 Rebecca 将永远保持 14 岁。

作为例子，代码清单 26-12 演示了如何通过声明指针并调用它的 birthday 方法来增加 Terry 的年龄。

**代码清单 26-12 使用指针执行方法调用：method.go**

```
terry := &person{
    name: "Terry",
    age: 15,
}
terry.birthday()
fmt.Printf("%+v\n", terry)    ← 打印出"&{name:Terry age:16}"
```

另外，虽然代码清单 26-13 中的方法调用并没有用到指针，但它仍然可以正常运行。这是因为 Go 语言在变量通过点标记调用方法的时候会自动使用&取得变量的内存地址，所以我们就算不写出(&nathan).birthday()，代码也可以正常运行。

**代码清单 26-13 无须指针执行方法调用：method.go**

```
nathan := person{
    name: "Nathan",

    age: 17,
}
nathan.birthday()
fmt.Printf("%+v\n", nathan)    ← 打印出"{name:Nathan age:18}"
```

需要注意的是，无论调用方法的变量是否为指针，代码清单 26-11 中声明的 birthday 方法都必须使用指针作为接收者，否则 age 字段将无法实现自增。

因为结构经常会通过指针进行传递，所以像 birthday 方法这样通过指针修改结构属性而不是新建整个结构的做法是有意义的，但这并不意味着所有结构都应该被修改，例如，标准库中的 time 包就提供了一个非常好的例子。正如代码清单 26-14 所示，该包中的 time.Time 类型的方法并没有使用指针作为接收者，而是选择了在每次调用之后都返回一个新的时间。毕竟从时间的角度来看，每分每秒都是独一无二的。

**代码清单 26-14 明天又是新的一天：day.go**

```
const layout = "Mon, Jan 2, 2006"

day := time.Now()
tomorrow := day.Add(24 * time.Hour)

fmt.Println(day.Format(layout))         ← 打印出"Tue, Nov 10, 2009"
fmt.Println(tomorrow.Format(layout))    ← 打印出"Wed, Nov 11, 2009"
```

**提示** 使用指针作为接收者的策略应该是始终如一的。如果一种类型的某些方法需要用到指针作为接收者，就应该为这种类型的所有方法都使用指针作为接收者。

**速查 26-7**

怎样才能判断 time.Time 类型的所有方法是否都没有使用指针作为接收者?

### 26.3.3 内部指针

Go 语言提供了一种名为内部指针的便利特性，用于确定结构中指定字段的内存地址。例如，因为代码清单 26-15 中的 levelUp 函数会对 stats 结构进行修改，所以它需要将形参设置为指针类型。

**代码清单 26-15 levelUp 函数：interior.go**

```
type stats struct {
    level             int
    endurance, health int
}

func levelUp(s *stats) {
    s.level++
    s.endurance = 42 + (14 * s.level)
    s.health = 5 * s.endurance
}
```

正如代码清单 26-16 所示，Go 语言的地址操作符不仅可以获取结构的内存地址，还可以获取结构中指定字段的内存地址。

**代码清单 26-16 内部指针：interior.go**

```
type character struct {
    name string
    stats stats
}

player := character{name: "Matthias"}
levelUp(&player.stats)

fmt.Printf("%+v\n", player.stats)    // 打印出“{level:1 endurance:56 health:280}”
```

尽管 character 类型并没有在它的结构定义中包含任何指针，但我们还是可以在有需

---

**速查 26-7 答案**

因为 Go 的点标记法对于指针变量和非指针变量的处理方式是一样的，所以光从代码清单 26-14 中的 Add 方法是无法判断 time.Time 类型是否使用了指针接收者的。要弄清楚这一点，更好的做法是直接查看 time.Time 类型各个方法的文档。

要时获取任意字段的内存地址。类似于&plater.stats 这样的语句将提供指向结构内部的指针。

速查 26-8

什么是内部指针?

### 26.3.4 修改数组

虽然我们更倾向于使用切片而不是数组，但数组也适用于一些不需要修改长度的场景，第 16 章提到的国际象棋棋盘就是一个很好的例子。代码清单 26-17 展示了函数通过指针对数组元素进行修改的方法。

代码清单 26-17 重置棋盘：array.go

```
func reset(board *[8][8]rune) {
    board[0][0] = 'r'
    // ...
}

func main() {
    var board [8][8]rune
    reset(&board)

    fmt.Printf("%c", board[0][0])    ← 打印出“r”
}
```

在第 20 章中，尽管世界的大小是固定的，但我们还是使用了切片来实现康威生命游戏。在学习了指针的相关知识之后，我们现在可以考虑使用数组重新实现这个游戏了。

速查 26-9

什么情况下应该使用指向数组的指针?

**速查 26-8 答案**

内部指针即是指向结构内部字段的指针。这一点可以通过在结构字段的前面放置地址操作符来完成，如&player.stats。

**速查 26-9 答案**

数组适用于像棋盘那样固定大小的数据。在不使用指针的情况下，数组在每次传递至函数或者方法时都需要进行复制，而使用指向数组的指针可以避免这一点。除此之外，函数或者方法通过指针可以对传入的数组进行修改，这一点在不使用指针的情况下是无法做到的。

## 26.4　隐式指针

并非所有修改都需要显式地使用指针，Go 语言也会为一些内置的收集器暗中使用指针。

### 26.4.1　映射也是指针

第 19 章曾经提到过，映射在被赋值或者被作为实参传递的时候不会被复制。因为映射实际上就是一种隐式指针，所以像下面这条语句那样，使用指针指向映射将是多此一举的：

```
func demolish(planets *map[string]string)   ← 多余的指针
```

尽管映射的键或者值都可以是指针类型，但需要将指针指向映射的情况并不多。

> **速查 26-10**
>
> 映射是指针吗？

### 26.4.2　切片指向数组

第 17 章曾经说过切片是指向数组的窗口，实际上切片在指向数组元素的时候也的确使用了指针。

每个切片在内部都会被表示为一个包含 3 个元素的结构，这 3 个元素分别是指向数组的指针、切片的容量以及切片的长度。当切片被直接传递至函数或者方法的时候，切片的内部指针就可以对底层数据进行修改。

指向切片的显式指针的唯一作用就是修改切片本身，包括切片的长度、容量以及起始偏移量。在接下来的代码清单 26-18 中，reclassify 函数将修改 planets 切片的长度，但如果这个函数不使用指针，那么调用者函数 main 将不会察觉这一修改。

**代码清单 26-18　修改切片：slice.go**

```
func reclassify(planets *[]string) {
    *planets = (*planets)[0:8]
}

func main() {
    planets := []string{
```

**速查 26-10 答案**

是的，尽管映射在语法上和指针并无相似之处，但它们实际上就是指针。使用不是指针的映射是不可能的。

```
        "Mercury", "Venus", "Earth", "Mars",
        "Jupiter", "Saturn", "Uranus", "Neptune",
        "Pluto",
    }
    reclassify(&planets)

    fmt.Println(planets)
}
```

打印出“[Mercury Venus Earth Mars Jupiter Saturn Uranus Neptune]”

除了像代码清单 26-18 那样直接修改传入的切片，reclassify 函数也可以选择返回一个新的切片，这无疑是一种更为清晰的做法。

**速查 26-11**

如果函数和方法想要修改它们接收到的数据，那么它们应该使用指向哪两种数据类型的指针？

## 26.5 指针和接口

正如下面的代码清单 26-19 所示，无论是 martian 还是指向 martian 的指针，都可以满足 talker 接口。

**代码清单 26-19 指针和接口：martian.go**

```
type talker interface {
    talk() string
}

func shout(t talker) {
    louder := strings.ToUpper(t.talk())
    fmt.Println(louder)
}

type martian struct{}

func (m martian) talk() string {
    return "nack nack"
}

func main() {
    shout(martian{})
    shout(&martian{})
}
```

打印出“NACK NACK”

**速查 26-11 答案**

结构和数组。

但是正如代码清单 26-20 所示，如果方法使用的是指针接收者，那么情况将会有所不同。

**代码清单 26-20　指针和接口：interface.go**

```
type laser int

func (l *laser) talk() string {
    return strings.Repeat("pew ", int(*l))
}

func main() {
    pew := laser(2)
    shout(&pew)        // 打印出 "PEW PEW"
}
```

在代码清单 26-20 里面，`&pew` 的类型为`*laser`，它满足 `shout` 函数需要的 `talker` 接口。但如果把函数调用换成 `shout(pew)`，那么程序将无法运行，因为 `laser` 在这种情况下是无法满足接口的。

> **速查 26-12**
>
> 指针在什么情况下才能满足接口？

## 26.6　明智地使用指针

指针虽然有用，但是也会增加额外的复杂性。毕竟如果值可能会在多个地方发生变化，那么追踪代码就会变得更为困难。

应该合理地使用指针而不要过度使用它们。那些不暴露指针的编程语言通常会在组合多个对象为类等情况下隐式地使用指针，但是在使用 Go 语言的时候，是否使用指针将由你来决定。

> **速查 26-13**
>
> 为什么不要过度使用指针？

**速查 26-12 答案**

如果类型的非指针版本能够满足接口，那么它的指针版本也能够满足。

**速查 26-13 答案**

因为不使用指针的代码更容易理解。

## 26.7 小结

- 指针存储的是内存地址。
- 地址操作符（&）用于提供变量的内存地址。
- 指针可以通过解引用（*）来获取或者修改被指向的值。
- 指针的类型声明前面都带有星号（*），如`*int`。
- 使用指针可以跨越函数和方法的边界对值进行修改。
- 指针与结构或者数组搭配使用时最为有用。
- 映射和切片会隐式地使用指针。
- 内部指针可以在无须将字段声明为指针的情况下指向结构中的字段。
- 应该合理地使用指针而不要过度使用它们。

为了检验你是否已经掌握了上述知识，请尝试完成以下实验。

### 实验：turtle.go

请编写一个可以让海龟上下左右移动的程序。程序中的海龟需要存储一个位置$(x, y)$，正数坐标表示向下或向右，并通过使用方法对相应的变量实施自增和自减来实现移动。请使用`main`函数测试这些方法并打印出海龟的最终位置。

**提示** 为了修改海龟的$x$值和$y$值，你需要将方法的接收者设置为指针。

27

LESSON

# 第 27 章 关于 nil 的纷纷扰扰

**本章学习目标**

- 学会处理没有值的情况
- 理解 nil 引发的问题
- 了解 Go 是如何改进 nil 机制的

单词 nil 是一个名词，它的意思是“零”或者“无”，而在 Go 编程语言里面，nil 则是一个零值。正如第 2 单元所述，如果我们在声明整数的时候没有为它赋值，那么该整数的值默认为 0，而字符串在同样情况下的值则默认为空字符串，诸如此类。与此类似，如果一个指针没有明确的指向，那么它的值就是 nil。除了指针，nil 标识符还是切片、映射和接口的零值。

很多编程语言都包含 nil 这一概念，尽管它们可能会把这个值称为 NULL、null 或者 None。在 Go 语言发布之前的 2009 年，语言设计师 Tony Hoare 做了一个题为“Null References: The Billion Dollar Mistake”（空引用：一个代价 10 亿美元的错误）的演讲。在演讲中，Tony Hoare 宣称自己应该为 1965 年发明的空引用负责，并暗示没有明确指向的指针并不是什么好主意。

**注意** 除了空引用，Tony Hoare 还在 1978 年发明了通信顺序进程（Communicating Sequential Process, CSP），这一概念是 Go 实现并发的基础，之后的第 7 单元将对这一主题进行介绍。

跟以往的语言相比，Go 语言的 nil 在某种程度上更为友好，也较不常见，但仍需谨慎使用。正如 Francesc Campoy 在 2016 年 GopherCon 上的演讲“Understanding nil”所说的那样，nil 的确有一些意想不到的用途，本章将对此做详细的介绍。

**请考虑这一点**

假设你正在想办法表示一个星座，其中每颗恒星都包含一个指向其最近毗邻恒星的指针。在计算所有恒星相互间的距离之后，每颗恒星都会指向另一颗恒星，而查找特定恒星的最近毗邻恒星只需要对指针执行一次快速的解引用即可。

但是在完成距离计算之前，上述指针应该指向何处呢？这正是 nil 适用的场景之一：在恒星找到距离最近的毗邻恒星之前，它可以暂时把指针指向 nil。

你还能想到有什么场景需要用到这种没有明确指向的指针吗？

## 27.1　通向惊恐的 nil 指针

正如代码清单 27-1 所示，如果一个指针没有明确的指向，那么程序将无法对其实施解引用。尝试解引用一个 nil 指针将导致程序崩溃，而人们通常都讨厌会崩溃的应用。

> 这是我犯下的一个代价十亿美元的错误。
>
> ——Tony Hoare

**代码清单 27-1　nil 指针会引发惊恐：panic.go**

```
var nowhere *int
fmt.Println(nowhere)        // 打印出<nil>
fmt.Println(*nowhere)       // 惊恐：nil 指针解引用
```

正如代码清单 27-2 所示，避免惊恐的方法非常简单，程序只需要通过 `if` 语句防止对 nil 指针实施解引用即可。

**代码清单 27-2　防范惊恐：nopanic.go**

```
var nowhere *int

if nowhere != nil {
    fmt.Println(*nowhere)
}
```

平心而论，有很多种原因可能会造成程序崩溃，而 nil 指针解引用只是原因之一。例如，执行除零计算也会导致惊恐，并且对于它的解决方法跟上述方法也是类似的。但即便如此，纵观过去 50 多年编写的众多软件，为数不少的意外 nil 指针解引用还是让用户和程序员付出了相当大的代价，并且 nil 的存在也给程序员带来了额外的决策负担：我是否应该检查 nil？如果是的话该如何检查？值为 nil 时应该让代码做什么？是不是所有 nil 都是不好的？

“如果你不能满足我们的要求，那么我们将对你说 nil。”——说 nil 的骑士

尽管前面说了那么多，但你并没有必要把耳朵遮住，更没有必要完全避免 nil。正如本章接下来将要介绍的那样，nil 实际上相当有用。此外，跟其他某些语言的空指针相比，nil 指针在 Go 语言中并不多见，并且我们也可以通过适当的方法避免使用它们。

**速查 27-1**

类型*string 的零值是什么？

## 27.2 保护你的方法

正如代码清单 27-3 所示，因为方法经常需要接收指向结构的指针，所以它的接收者有可能会是 nil。在这种情况下，无论方法是显式地解引用(*p)还是通过访问结构字段(p.age)隐式地解引用，nil 值都会引发惊恐。

**代码清单 27-3　接收者为 nil：method.go**

```
type person struct {
    age int
}

func (p *person) birthday() {
    p.age++        // nil 指针将在这里解引用
}
```

**速查 27-1 答案**

指针的零值为 nil。

```
func main() {
    var nobody *person
    fmt.Println(nobody)
    nobody.birthday()
}
```

打印出<nil>

从代码清单 27-3 中可以看出，语句 p.age++正是引发惊恐的罪魁祸首，需要移除这个语句，程序才能够运行。

**注意** 如果我们运行等价于代码清单 27-3 的 Java 程序，那么 null 接收者将在方法被调用的时候立即导致程序崩溃。

因为值为 nil 的接收者和值为 nil 的参数在行为上并无区别，所以 Go 语言即使在接收者的值为 nil 的情况下也会继续调用方法。这也意味着我们可以像代码清单 27-4 那样，在方法中内置防范 nil 的语句。

**代码清单 27-4 防卫语句：guard.go**

```
func (p *person) birthday() {
    if p == nil {
        return
    }
    p.age++
}
```

与其每次调用 birthday 方法之前都费力劳心地检查 nil，像代码清单 27-4 那样在方法中防范 nil 接收者的做法明显更胜一筹。

**注意** 在 Object-C 里面，调用接收者为 nil 的方法不会导致程序崩溃，只会令方法返回一个零值。

在 Go 语言里面，如何处理 nil 将由你决定。你可以让方法返回零值或者一个错误，或者让程序崩溃。

**速查 27-2**

如果 p 为 nil，那么访问字段 p.age 会产生什么结果？

**速查 27-2 答案**

除非代码在访问字段之前对 nil 进行了检查，否则程序将因为惊恐而崩溃。

## 27.3　nil 函数值

当变量被声明为函数类型时，它的默认值为 nil。在下面的代码清单 27-5 中，虽然 fn 变量的类型为函数，但它并没有被赋予任何函数。

**代码清单 27-5　值为 nil 的函数类型：fn.go**

```
var fn func(a, b int) int
fmt.Println(fn == nil)      ← 打印出“true”
```

因为变量 fn 并没有被赋予任何函数，所以如果上面这个代码清单尝试调用 fn(1, 2)，那么程序将由于解引用 nil 指针而引发惊恐。

为了解决这个问题，我们可以检查函数值是否为 nil，并在有需要时提供默认行为。例如，在代码清单 27-6 中，sort.Slice 会使用一等函数 less 来对切片中的字符串进行排序。但如果 nil 被传递给了 less 实参，那么 sort.Slice 将使用默认的字母序排序函数。

**代码清单 27-6　使用默认的排序函数：sort.go**

```
package main

import (
    "fmt"
    "sort"
)
func sortStrings(s []string, less func(i, j int) bool) {
    if less == nil {
        less = func(i, j int) bool { return s[i] < s[j] }
    }
    sort.Slice(s, less)
}

func main() {
    food := []string{"onion", "carrot", "celery"}
    sortStrings(food, nil)
    fmt.Println(food)      ← 打印出“[carrot celery onion]”
}
```

**速查 27-3**

请为代码清单 27-6 编写一个单行函数，它可以按照字符串从短到长的顺序对 food 进行排序。

**速查 27-3 答案**

```
sortStrings(food, func(i, j int) bool { return len(food[i]) < len(food[j]) })
```

## 27.4 nil 切片

如果切片在声明之后没有使用复合字面量或者内置的 make 函数进行初始化，那么它的值将为 nil。幸运的是，正如接下来的代码清单 27-7 所示，关键字 range 和 len、append 等内置函数都可以正常处理值为 nil 的切片。

**代码清单 27-7 扩展切片：slice.go**

```
var soup []string
fmt.Println(soup == nil)        // 打印出“true”

for _, ingredient := range soup {
    fmt.Println(ingredient)
}

fmt.Println(len(soup))          // 打印出“0”

soup = append(soup, "onion", "carrot", "celery")
fmt.Println(soup)               // 打印出“[onion carrot celery]”
```

虽然不包含任何元素的空切片和值为 nil 的切片并不相等，但它们通常可以替换使用。例如，代码清单 27-8 跳过了创建空切片的步骤，而直接将 nil 传递给了一个接受切片作为参数的函数。

**代码清单 27-8 从 nil 开始：mirepoix.go**

```
func main() {
    soup := mirepoix(nil)
    fmt.Println(soup)           // 打印出“[onion carrot celery]”
}

func mirepoix(ingredients []string) []string {
    return append(ingredients, "onion", "carrot", "celery")
}
```

在编写接受切片作为参数的函数时，请确保该函数在处理 nil 切片和空切片的时候具有同样的行为。

> **速查 27-4**
>
> 我们可以安全地对 nil 切片执行哪些操作?

**速查 27-4 答案**

内置函数 len、cap、append 还有关键字 range 都可以安全地处理 nil 切片。跟空切片一样，像 soup[0] 那样直接访问 nil 切片中的某个元素将会由于索引越界而引发惊恐。

## 27.5　nil 映射

跟切片的情况一样，如果映射在声明之后没有使用复合字面量或者内置的 make 函数进行初始化，那么它的值将会是默认的 nil。正如下面的代码清单 27-9 所示，我们甚至可以对值为 nil 的映射执行读取操作，但尝试对其进行写入将引发惊恐。

**代码清单 27-9　读取映射：map.go**

```
var soup map[string]int
fmt.Println(soup == nil)        // 打印出“true”

measurement, ok := soup["onion"]
if ok {
    fmt.Println(measurement)
}
for ingredient, measurement := range soup {
    fmt.Println(ingredient, measurement)
}
```

基于上述原因，如果函数只需要对映射执行读取操作，那么向函数传入 nil 来代替空映射是可行的。

> **速查 27-5**
>
> 对值为 nil 的映射执行什么操作会引发惊恐?

## 27.6　nil 接口

声明为接口类型的变量在未被赋值时的零值为 nil。正如下面的代码清单 27-10 所示，对一个未被赋值的接口变量来说，它的接口类型和值都是 nil，并且变量本身也等于 nil。

**代码清单 27-10　接口可以为 nil：interface.go**

```
var v interface{}
fmt.Printf("%T %v %v\n", v, v, v == nil)        // 打印出“<nil> <nil> true”
```

与此相对的是，当接口类型的变量被赋值之后，接口就会在内部指向该变量的类型和值。

---

**速查 27-5 答案**

对值为 nil 的映射执行诸如 soup["onion"] = 1 这样的写入操作将会引发惊恐并得到错误消息“assignment to entry in nil map.”（尝试对 nil 映射中的条目进行赋值）。

但正如下面的代码清单 27-11 所示，这种做法会引发一种令人惊讶的行为，即值为 nil 的变量不等于 nil。因为 Go 认定接口类型的变量只有在类型和值都为 nil 时才等于 nil，所以即使接口变量的值仍然为 nil，但只要它的类型不为 nil，那么该变量就不等于 nil。

**代码清单 27-11 这是啥？！：interface.go**

```
var p *int
v = p
fmt.Printf("%T %v %v\n", v, v, v == nil)
```

打印出“*int <nil> false”

正如代码清单 27-12 所示，格式化变量%#v 能够同时查看变量的类型和值，而清单中的打印结果则揭示了变量包含的是(*int)(nil)而不仅是<nil>。

**代码清单 27-12 检视接口变量的内部表示：interface.go**

```
fmt.Printf("%#v\n", v)
```

打印出“(*int)(nil)”

为了避免在比较接口变量和 nil 时得到出乎意料的结果，最好的做法是明确地使用 nil 标识符，而不是指向一个包含 nil 的变量。

**速查 27-6**

在执行声明 var s fmt.Stringer 之后，变量 s 的值是什么？

## 27.7 nil 之外的另一个选择

使用 nil 表示可以没有值是一个相当具有诱惑力的想法。例如，指向整数的指针*int 可以表示 nil 和零值。但由于指针是为了指向而生的，因此如果使用指针仅仅是为了存储 nil 值，那么未免有些大材小用了。

正如代码清单 27-13 所示，对于上述情况，与使用指针相比，更好的做法是声明一个具有少量方法的小型结构。虽然这样做需要多写一点儿代码，但好处是它不需要用到指针和 nil。

**代码清单 27-13 数值已被设置：valid.go**

```
type number struct {
    value int
```

**速查 27-6 答案**

因为变量 s 的类型为 fmt.Stringer 接口，而接口的零值为 nil，所以变量 s 的值也为 nil。

```
    valid bool
}

func newNumber(v int) number {
    return number{value: v, valid: true}
}

func (n number) String() string {
    if !n.valid {
        return "not set"
    }
    return fmt.Sprintf("%d", n.value)
}
func main() {
    n := newNumber(42)
    fmt.Println(n)          ← 打印出“42”

    e := number{}
    fmt.Println(e)          ← 打印出“not set”
}
```

**速查 27-7**

代码清单 27-13 中采用的策略有何优势?

## 27.8 小结

- nil 指针解引用会令程序崩溃。
- 方法可以通过一些简单的措施来防范接收 nil 值。
- 对于通过实参传入的函数，我们可以考虑为该函数提供默认行为。
- nil 切片和空切片一般是可以互相替换的。
- nil 映射可以执行读取操作但是不能执行写入操作。
- 接口变量只有在类型和值都为 nil 时才等于 nil。
- nil 并不是表示“无”的唯一方法。

为了检验你是否已经掌握了上述知识，请尝试完成以下实验。

**速查 27-7 答案**

它通过不使用指针和 nil 值来完全避免了 nil 指针解引用，并且跟单纯的 nil 值相比，布尔值 valid 的意图也更为清晰。

### 实验：knights.go

亚瑟被一位骑士挡住了去路。正如 leftHand *item 变量的值 nil 所示，这位英雄手上正空无一物。请实现一个拥有 pickup(i *item)和 give(to *character)等方法的 character 结构，然后使用你在本章学到的知识编写一个脚本，使得亚瑟可以拿起一件物品并将其交给骑士，与此同时为每个动作打印出适当的描述。

# 第 28 章　孰能无过

**本章学习目标**

- 学会写入文件并处理错误
- 学会以创造性的方式处理错误
- 学会创建并标识特定错误
- 学会处理惊恐

警报响起，学生和老师从教室中鱼贯而出并移至最近的出口，最后在集合点集结。如果目光所及的地方没有发现任何危险或者火情，那么说明这只是一次常规的消防演习，但是这种演习可以帮助人们在遇到真正的紧急事件时做好准备。

与此类似，当软件遇到文件不存在、格式不正确、服务器无法访问等问题时，它应该做什么？也许它可以闭上眼睛祈祷，希望问题会自行消失，使操作得以继续正常执行。但更好的做法也许是安全地离开，并把沿途遇到的门都关上，或者在不得已时冲到 4 楼的窗口作为最后手段。

无论如何，最重要的是要有所计划。列举可能出现的错误，思考如何传递它们，并构思处理它们的步骤。Go 语言一直把错误处理放在突出位置，鼓励你思考可能出现的故障及其处理方法。跟时不时发生的消防演习一样，错误处理有时候也会让人觉得乏味，但它们最终将孕育出可靠的软件。

本章将介绍几种处理错误的方法，并深入探究出现错误的原因，最后还会比较一下 Go 语言和其他编程语言的错误处理方式。

**请考虑这一点**

18 世纪早期，Alexander Pope 作了一首诗，其中包含了一句现在广为人知的话语：犯错是人类的本性。请花些时间思考这句话和计算机编程之间的关系。

犯错是人类的本性，而原谅则是人类的美德。

——Alexander Pope，*An Essay on Criticism: Part 2*

我们的看法是：万事万物皆有出错的可能，系统会停机，错误也会时常出现。因为错误并不罕见，所以我们必须对此有所准备，并慎重地选择应对错误的方式。应该承认错误，而不是置之不理。想办法解决问题，然后继续前进。

## 28.1 处理错误

在以往的编程语言中，只能返回单个值的限制常常会导致错误处理变得模糊不清。函数必须通过重载同一个返回值来同时表示错误值和成功值，或者使用全局变量 errno 之类的其他渠道来传递错误，而不同函数采用不一致的错误传递机制更是令情况雪上加霜。

正如第 12 章中所述，Go 语言允许函数和方法同时返回多个值。虽然这一特性并非专门为错误处理而设，但它提供了一种将错误返回至调用函数的简单且一致的机制。按照惯例，函数在需要返回错误的时候，应该使用最后一个返回值来表示错误。至于函数的调用者则应该在调用函数之后*立即*检查错误是否发生。在没有发生错误的情况下，函数返回的错误值将为 nil。

代码清单 28-1 调用 ReadDir 函数演示了错误处理的具体流程。如果调用后出现错误，那么 err 变量的值将不为 nil，导致程序打印错误后立即退出，至于传递给 os.Exit 函数的非零值则用于通知操作系统有错误发生。相反，如果 ReadDir 调用成功，那么 files 变量将被赋值为 os.FileInfo 切片，并在切片中包含指定路径上的文件以及文件夹的相关信息。代码清单 28-1 使用了一个点作为路径，它代表的是程序当前所在的文件夹。

**代码清单 28-1 文件：files.go**

```
files, err := ioutil.ReadDir(".")
if err != nil {
    fmt.Println(err)
    os.Exit(1)
}

for _, file := range files {
    fmt.Println(file.Name())
}
```

**注意**　在发生错误时，调用返回的其他值可能会被设置成相应类型的零值，但也可能会包含不完整的数据或者完全不同的其他内容。总体来说，每当有错误发生时，同一调用返回的其他值通常就不再值得信任。

如果在 Go Playground 中运行代码清单 28-1，那么它将打印出以下文件夹：

```
dev
etc
tmp
usr
```

如果你想让程序列出其他文件夹而不是当前文件夹的内容，那么可以将代码清单 28-1 中代表当前文件夹的点号（"."）替换成其他文件夹的名称，如"etc"。此外，由于程序打印出的内容既包含文件也包含文件夹，因此你可以在有需要的时候使用 file.IsDir()来区分这两者。

**速查 28-1**

1. 修改代码清单 28-1，尝试让它读取一个虚构的文件夹，如"unicorns"，看看程序会打印出什么错误消息？

2. 如果我们使用 ReadDir 尝试读取诸如"/etc/hosts"这样的文件而不是文件夹的时候，程序会打印出什么错误消息？

## 28.2　优雅的错误处理

Go 语言鼓励使用者思考并处理函数可能返回的所有错误，但这样一来，错误处理代码的数量也会随之快速增加。好在 Go 为此提供了一些方法，它们可以在不牺牲可读性的情况下，减少错误处理代码的数量。

在整个程序中，一部分函数会执行等式运算、数据转换或者其他不需要返回错误的逻辑，另一部分函数则需要与文件、数据库或者服务器进行通信，而这类通信往往都很混乱并且容易出错。减少错误处理代码的一种策略是，将程序中不会出错的部分和那些包含潜在出错隐患的部分隔离开来。

**速查 28-1 答案**

1. open unicorns: No such file or directory
2. readdirent: Invalid argument

除此之外，对于那些不得不返回错误的代码，我们虽然不能消除错误，但可以尽力简化相应的错误处理代码。为了演示这一点，我们接下来将要创建一个把以下 Go 谚语写入文件的小型程序，然后不断地改进它的错误处理代码，直到代码变得能够令人接受为止。

> Errors are values.
> Don't just check errors, handle them gracefully.
> Don't panic.
> Make the zero value useful.
> The bigger the interface, the weaker the abstraction.
> `interface{}` says nothing.
> Gofmt's style is no one's favorite, yet `gofmt` is everyone's favorite.
> Documentation is for users.
> A little copying is better than a little dependency.
> Clear is better than clever.
> Concurrency is not parallelism.
> Don't communicate by sharing memory, share memory by communicating.
> Channels orchestrate; mutexes serialize.
>
> ——Rob Pike，Go 谚语

### 28.2.1 文件写入

在写入文件的时候，任何错误都可能发生。路径可能无效、权限可能不足，写入甚至还没开始就可能会因为创建文件失败而告终。即使写入能够顺利开始，设备在写入过程中也可能会耗尽硬盘空间或者被拔掉电源插头。此外，为了避免资源泄漏并保证写入内容会被顺利刷新到硬盘，文件在写入完毕之后必须被关闭。

**注意** 因为操作系统能够同时打开的文件数量有限，每个处于打开状态的文件都占用了这一限制的其中一份，所以无意中让文件维持打开状态是一种浪费，这也是资源泄漏的一个例子。

代码清单 28-2 中的 `main` 函数将调用 `proverbs` 函数以创建文件，并通过打印错误消息和退出程序来处理创建文件时可能出现的任何错误。不同的实现可能会使用不同的错误处理方式，例如，提示用户使用不同的路径或者不同的文件名。此外，虽然我们在编写 `proverbs` 函数的时候也可以让它在出现错误时自行退出程序，但是由调用者决定如何处理错误通常会更有用一些。

**代码清单 28-2 调用 `proverbs` 函数：proverbs.go**

```
err := proverbs("proverbs.txt")
```

```
    if err != nil {
        fmt.Println(err)
        os.Exit(1)
    }
```

正如下面的代码清单 28-3 所示，proverbs 函数可能会返回一个 error 类型的值，这是 Go 语言专门为错误而设的一种内置类型。proverbs 函数首先会尝试创建文件，如果这一操作不成功，那么它将直接返回错误，并且由于文件未能成功创建并打开，因此不需要关闭文件。与此相反，如果函数能够成功创建文件，那么它将对其进行写入，并且无论写入是否成功，函数都一定会关闭文件。

**代码清单 28-3　写入 Go 谚语：proverbs.go**

```
func proverbs(name string) error {
    f, err := os.Create(name)
    if err != nil {
        return err
    }

    _, err = fmt.Fprintln(f, "Errors are values.")
    if err != nil {
        f.Close()
        return err
    }

    _, err = fmt.Fprintln(f, "Don't just check errors, handle them gracefully.")
    f.Close()
    return err
}
```

代码清单 28-3 包含了大量错误处理代码，数量如此之多以至令写入 Go 谚语的操作变得烦琐了起来。

从积极的方面看，所有错误处理代码都使用了相同的缩进，这使得我们在浏览代码的时候无须阅读所有重复的错误处理代码。这种缩进错误处理代码的方式在 Go 社区中非常常见，但我们可以对这个实现做出改进。

**速查 28-2**

为什么函数应该返回错误而不是直接退出程序？

**速查 28-2 答案**

返回错误使得调用者可以自行决定如何处理错误。例如，程序可以选择重试而不是退出。

### 28.2.2 关键字 defer

为了保证文件能够被正确地关闭，我们可以使用关键字 defer。如果一个函数在内部使用 defer 延迟了某些操作，那么 Go 语言将保证这些被延迟的操作会在函数返回之前触发。例如，在下面的代码清单 28-4 中，出现在关键字 defer 之后的每个 return 语句都会导致 f.Close() 方法被调用。

**代码清单 28-4 使用 defer 清理资源：defer.go**

```
func proverbs(name string) error {
    f, err := os.Create(name)
    if err != nil {
        return err
    }
    defer f.Close()

    _, err = fmt.Fprintln(f, "Errors are values.")
    if err != nil {
        return err
    }

    _, err = fmt.Fprintln(f, "Don't just check errors, handle them gracefully.")
    return err
}
```

**注意** 代码清单 28-4 的行为跟代码清单 28-3 的行为完全一样，这种改变代码但是不改变代码行为的做法被称为重构。跟润色论文的初稿一样，重构是编写高质量代码的一项至关重要的技能。

defer 可以延迟任何函数或者方法。跟返回多值一样，defer 也不是专门为错误处理而设的，但它的确消除了我们必须时刻惦记着执行资源清理操作的负担，并借此提高了错误处理代码的质量。多亏了 defer，我们终于可以在编写错误处理代码的时候专注于手头上的错误而不是其他东西。

虽然 defer 的存在让情况变得好了一些，但是在写下每行代码的时候都需要检查错误仍然是一件令人痛苦的事情。现在是时候用更具创造性的方式来处理错误代码了！

**速查 28-3**

被延迟的操作会在什么时候被调用？

**速查 28-3 答案**

被延迟的操作将在函数返回之前执行。

### 28.2.3　创造性的错误处理

2015 年 1 月，Go 博客发表了一篇关于错误处理的精彩文章“Errors are values”，该文章描述了一种简单的方法，使得程序可以在写入文件的时候不必在每行代码后面都加上相同的错误处理代码。

为了应用文章中所说的技术，我们需要声明一种新的类型，也就是代码清单 28-5 中的 safeWriter 类型。如果 safeWriter 在写入文件的过程中发生了错误，那么它将把错误存储起来而不是直接返回它。之后当 writeln 尝试再次写入相同文件的时候，如果它发现前面已经有错误发生，那么它将不执行后续所有写入操作。

**代码清单 28-5　存储错误值：writer.go**

```
type safeWriter struct {
    w   io.Writer
    err error          ← 存储第一个错误的地方
}

func (sw *safeWriter) writeln(s string) {
    if sw.err != nil {
        return         ← 如果前面有错误发生，那么跳过写入操作
    }
    _, sw.err = fmt.Fprintln(sw.w, s)   ← 尝试写入文本行并存储可能出现的错误
}
```

通过使用 safeWriter，代码清单 28-6 得以在写入文本行的时候返回出现过的任何错误，并且不再需要在每次写入之后都使用相同的错误处理代码。

**代码清单 28-6　通向谚语之路：writer.go**

```
func proverbs(name string) error {
    f, err := os.Create(name)
    if err != nil {
        return err
    }
    defer f.Close()
    sw := safeWriter{w: f}
    sw.writeln("Errors are values.")
    sw.writeln("Don't just check errors, handle them gracefully.")
    sw.writeln("Don't panic.")
    sw.writeln("Make the zero value useful.")
    sw.writeln("The bigger the interface, the weaker the abstraction.")
    sw.writeln("interface{} says nothing.")
    sw.writeln("Gofmt's style is no one's favorite, yet gofmt is everyone's favorite.")
    sw.writeln("Documentation is for users.")
    sw.writeln("A little copying is better than a little dependency.")
    sw.writeln("Clear is better than clever.")
    sw.writeln("Concurrency is not parallelism.")
```

```
    sw.writeln("Don't communicate by sharing memory, share memory by communicating.")
    sw.writeln("Channels orchestrate; mutexes serialize.")
    return sw.err    ← 如果有错误发生，那么将其返回
}
```

这是一种非常清晰的文本文件写入方法，但这并不是最重要的。因为同样的错误处理技术还可以应用在创建压缩文件或者完成其他任务上面，所以这种技术背后的思想比技术本身重要得多：

> ……因为错误也是值，所以 Go 编程语言提供的所有功能都可以用于处理它们。
>
> ——Rob Pike，“Errors are values”

通过合理地使用 Go 提供的各项功能，实现优雅的错误处理并不是一件难事。

> **速查 28-4**
>
> 如果代码清单 28-6 在向文件写入“Clear is better than clever.”的时候出现了错误，那么接下来会发生一系列什么事件？

## 28.3 新的错误

当函数接收到不正确的形参，或者有其他地方出现问题的时候，你可以通过创建并返回新的错误值来通知调用者出现了什么问题。

为了演示创建新错误值的方法，代码清单 28-7 用一个 9 × 9 大小的网格为数独逻辑谜题打下了基础。网格中的每个方格都可以容纳一个值为 1 ~ 9 的数字。这个实现将使用固定大小的数组，并使用数字 0 表示空白的方格。

**代码清单 28-7 数独网格：sudoku1.go**

```
const rows, columns = 9, 9

// Grid 是一个数独网格
type Grid [rows][columns]int8
```

---

**速查 28-4 答案**

1. 错误将被存储在 sw 结构里面。
2. writeln 函数之后还会被调用 3 次，但它会看到已被存储的错误并不再对文件进行写入。
3. sw 结构存储的错误会被返回，然后 defer 会尝试关闭文件。

errors 包（详见 Go 官方标准库网站）包含一个构造函数，它接受一个代表错误消息的字符串作为参数。通过使用这个构造函数，代码清单 28-8 中的 Set 方法就可以创建并返回一个“越界”错误了。

**提示** 在方法的开头对形参进行检查，后续代码就不必担心是否会接收到不正确的输入了。

**代码清单 28-8 检查形参：sudoku1.go**

```
func (g *Grid) Set(row, column int, digit int8) error {
    if !inBounds(row, column) {
        return errors.New("out of bounds")
    }
        g[row][column] = digit
        return nil
    }
```

代码清单 28-9 中的 inBounds 函数保证 row 和 column 两个参数的值都在网格边界的范围之内，它可以防止 Set 方法因为不起眼的输入错误而产生重大问题。

**代码清单 28-9 辅助函数：sudoku1.go**

```
func inBounds(row, column int) bool {
    if row < 0 || row >= rows {
        return false
    }
    if column < 0 || column >= columns {
        return false
    }
    return true
}
```

最后，代码清单 28-10 中的 main 函数将创建一个网格，并打印出由于尝试访问无效位置而出现的错误。

**代码清单 28-10 填写数字：sudoku1.go**

```
func main() {
    var g Grid
    err := g.Set(10, 0, 5)
    if err != nil {
        fmt.Printf("An error occurred: %v.\n", err)
        os.Exit(1)
    }
}
```

**提示** 使用部分语句表示错误消息的做法非常常见，这样程序就可以在打印错误消息之前，使用额外的文本对其进行补充。

应该始终把时间花在编写能够提供有用信息的错误消息上面。把错误消息看作是程序用户界面的一部分，无论它们面向的是终端用户还是其他软件开发者。例如，虽然“越界”作为错误消息并无过错，但“超出网格边界”可能会更合适一些。与此相反，类似于“错误37”这样的错误消息通常是没有多大用处的。

**速查 28-5**

在函数开头预防错误输入有什么好处?

### 28.3.1 按需返回错误

许多 Go 包都声明并导出了一些变量，用于表示它们可能会返回的错误。为了将这一技术应用到数独网格中，下面的代码清单 28-11 在包层级声明了两个错误变量。

**代码清单 28-11 声明错误变量：sudoku2.go**

```
var (
    ErrBounds = errors.New("out of bounds")
    ErrDigit = errors.New("invalid digit")
)
```

**注意** 根据惯例，Go 程序将使用带有 Err 前缀的变量来存储错误消息。

正如代码清单 28-12 所示，在声明了 ErrBounds 变量之后，我们就可以修改 Set 方法，让它直接返回 ErrBounds 变量而不是创建新的错误变量了。

**代码清单 28-12 返回错误：sudoku2.go**

```
if !inBounds(row, column) {
    return ErrBounds
}
```

正如代码清单 28-13 所示，在 Set 方法返回错误之后，调用者就可以使用==操作符或者 switch 语句来比较方法返回的错误和特定的错误变量，以此来辨别可能出现的各种错误，并用不同的方式处理它们。

**速查 28-5 答案**

如果在函数开头检查输入参数，那么之后的代码就不必担心会遇到错误的输入了，并且与放任程序因为索引越界等严重错误而失败相比，提前检查输入也能够更为妥善地处理错误。

**代码清单 28-13　main 函数中的不同错误：sudoku2.go**

```
var g Grid
err := g.Set(0, 0, 15)
if err != nil {
    switch err {
    case ErrBounds, ErrDigit:
        fmt.Println("Les erreurs de paramètres hors limites.")
    default:
        fmt.Println(err)
    }
    os.Exit(1)
}
```

**注意**　因为 errors.New 构造函数返回的是指针，所以代码清单 28-13 中的 switch 语句比较的是内存地址，而不是错误消息中包含的文本。

**速查 28-6**

请编写 validDigit 函数，并使用它来确保 Set 方法只会接受值为 1 至 9 的数字。

### 28.3.2　自定义错误类型

虽然 errors.New 非常有用，但有时候仅使用一条简单的消息来表示错误并不充分，而 Go 语言也为此提供了进一步的措施。

正如代码清单 28-14 所示，error 类型是一个内置的接口。无论何种类型，只要它实现了一个返回字符串的 Error() 方法，它就隐式地满足了 error 接口，这样一来我们就可以基于这个接口创建出新的错误类型。

**代码清单 28-14　error 接口**

```
type error interface {
    Error() string
}
```

**速查 28-6 答案**

```
func validDigit(digit int8) bool {
    return digit >= 1 && digit <= 9
}
```

Set 方法需要在函数体中加上以下代码行来执行这一检查：

```
if !validDigit(digit) {
    return ErrDigit
}
```

### 1. 返回多个错误

前面的内容列举了两条在数独中放置数字的规则，其一是方格的行和列必须位于网格之内，其二是数字的值必须介于 1 至 9 之间。但如果调用者向 Set 方法传入多个不合法的实参，那么造成放置失败的原因就会有不止一个。

与其每次只返回一个错误，更好的做法是让 Set 方法对参数执行多种检查，并一次性返回所有错误。代码清单 28-15 中的 SudokuError 类型是一个由 error 值组成的切片，该类型具有一个满足 error 接口的方法，这个方法可以将多个错误拼接为单个字符串。

**注意** 按照惯例，类似于 SudokuError 这样的定制错误类型都会使用单词 Error 作为后缀。但有时为了简洁也会只使用单词 Error，就好像 url 包中的 url.Error 一样。

**代码清单 28-15 定制的 error 类型：sudoku3.go**

```
type SudokuError []error

// Error 方法返回一个或多个以逗号分隔的错误
func (se SudokuError) Error() string {
    var s []string
    for _, err := range se {
        s = append(s, err.Error())    ← 将错误转换为字符串
    }
    return strings.Join(s, ", ")
}
```

为了利用 SudokuError，我们可以像下面的代码清单 28-16 那样修改 Set 方法，让它同时检查越界错误和数字错误，然后一次性把这些错误全部返回给调用者。

**代码清单 28-16 追加错误：sudoku3.go**

```
func (g *Grid) Set(row, column int, digit int8) error {    ← 返回错误类型
    var errs SudokuError
    if !inBounds(row, column) {
        errs = append(errs, ErrBounds)
    }
    if !validDigit(digit) {
        errs = append(errs, ErrDigit)
    }
    if len(errs) > 0 {
        return errs
    }
    g[row][column] = digit
    return nil    ← 返回 nil
}
```

在没有发生错误的情况下，Set 方法将返回 nil，这一行为跟代码清单 28-8 完全一样。

需要注意的是，正如前面几章所示，因为 nil 和空切片并不相等，所以方法在没有错误的情况下应该返回 nil 而不是空切片 errs。

除返回值没有变化之外，修改之后的 Set 方法的签名与代码清单 28-8 中展示的方法签名也是一致的。Set 方法在返回错误的时候总是使用 error 接口类型，而不是类似于 SudokuError 这样的具体类型。

**速查 28-7**

如果 Set 方法在执行成功时返回一个空切片 errs，那么会发生什么？

### 2. 类型断言

因为代码清单 28-16 中的 Set 方法在返回值之前会将值从 SudokuError 类型转换为 error 接口类型，所以如果你想要单独访问每个错误，那么就需要通过类型断言将值从接口类型重新转换成底层的具体类型。

代码清单 28-17 通过类型断言语句 err.(SudokuError) 断言 err 的类型为 SudokuError。如果这个断言为真，那么 ok 变量的值将被设置为真，而 errs 变量则会被设置成 SudokuError 切片，其中包含任意多个错误。另外还有一点，因为 SudokuError 切片同时包含 ErrBounds 类型的错误和 ErrDigit 类型的错误，所以我们可以在有需要时通过比较操作区分它们。

**代码清单 28-17　类型断言：sudoku3.go**

```
var g Grid
err := g.Set(10, 0, 15)
if err != nil {
    if errs, ok := err.(SudokuError); ok {
        fmt.Printf("%d error(s) occurred:\n", len(errs))
        for _, e := range errs {
            fmt.Printf("- %v\n", e)
        }
    }
    os.Exit(1)
}
```

**速查 28-7 答案**

因为方法返回的是一个不为 nil 的 error 接口类型值，所以即使切片中不包含任何错误，调用者也会认为方法发生了错误。

代码清单 28-17 将输出以下错误：

```
2 error(s) occurred:
- out of bounds
- invalid digit
```

**注意** 如果一种类型满足了多个接口，那么类型断言可以将它的值从一种接口转换成另一种接口。

**速查 28-8**

类型断言 err.(SudokuError) 的作用是什么？

## 28.4 不要惊恐

有些编程语言在传递和处理错误的时候非常依赖异常。Go 语言虽然没有提供异常机制，但它有一种名为 panic 的类似机制。跟其他语言中未被处理的异常一样，当惊恐出现的时候，Go 程序将崩溃。

### 28.4.1 其他语言中的异常

异常与 Go 语言的错误值机制在行为和实现两个方面有着明显的不同。

**速查 28-8 答案**

它会尝试将值 err 从 error 接口类型转换为具体的 SudokuError 类型。

如果一个函数抛出了异常但是却没有人来捕捉它，那么异常将向上传递至该函数的调用者，然后是调用者的调用者，以此类推，直到到达诸如 main 函数之类的调用栈顶部为止。

我们可以把异常看作是一种可选的错误处理方式。选择忽略异常通常不需要用到任何代码，但选择处理异常却需要用到大量特殊代码。这是因为异常往往需要用到诸如 try、catch、throw、finally、raise、rescue、except 等特殊关键字，而不用已有的语言特性。

相比之下，Go 语言的错误值提供了一种简单且灵活的机制来代替异常，它能够帮助我们构建出更为可靠的软件。在 Go 语言里面，忽略错误值是一种有意识的行为，它对所有阅读代码的人来说都是显而易见的。

**速查 28-9**

与异常相比，Go 语言的错误值机制有哪两个好处？

### 28.4.2 如何引发惊恐

如前所述，Go 语言拥有一种类似于异常的机制：panic。尽管数独中的不合法数字在其他语言中可能会引发异常，但是在 Go 语言中，需要使用 panic 的情况并不常见。

但如果地球即将毁灭，而你却将自己钟爱的毛巾遗落在了地球上，那么这时你就可以考虑引发惊恐了。传递给 panic 函数的实参可以是任何类型，而不仅仅是这里展示的字符串：

```
panic("I forgot my towel")
```

**注意** 虽然返回错误值通常比使用 panic 更可取，但由于 panic 会在退出程序之前执行所有被延迟的操作，而 os.Exit 不会这样做，因此 panic 比 os.Exit 好一些。

在某些情况下 Go 语言会选择引发惊恐而不是返回一个错误值，例如，执行除零计算就是其中一个例子：

```
var zero int
_ = 42 / zero
```

运行时错误：整数执行了除零计算

**速查 28-9 答案**

Go 语言的错误值机制促使开发者考虑错误，而不是像处理异常那样默认将其忽略，这有助于生成更为可靠的软件。除此之外，因为错误值机制不需要用到特殊关键字，所以它比异常简单而灵活。

**速查 28-10**

什么情况下才应该让程序引发惊恐?

### 28.4.3 处理惊恐

为了防止 panic 引发程序崩溃，Go 语言提供了代码清单 28-18 所示的 recover 函数。

**代码清单 28-18 保持冷静继续前进：panic.go**

```
defer func() {
    if e := recover(); e != nil {    ← 从惊恐中恢复
        fmt.Println(e)    ← 打印出“I forgot my towel”
    }
}()

panic("I forgot my towel")    ← 引发惊恐
```

被延迟的操作将在函数返回之前执行，即使在发生惊恐的情况下也是如此。如果某个被延迟的函数调用了 recover，那么惊恐将会停止，而程序则会继续运行。这种恢复机制类似于其他语言中的 catch、except 和 rescue。

注意 代码清单 28-18 使用了匿名函数，这个主题在第 14 章介绍过。

**速查 28-11**

内置函数 recover 可以用在什么地方?

## 28.5 小结

- 错误也是一种值，我们可以通过返回多值以及其他 Go 语言功能去处理它们。
- 只要你发挥创造力，即使是错误处理代码也可以变得非常灵活。
- 定制错误类型可以通过满足 error 接口来实现。

**速查 28-10 答案**

应该尽可能少地引发惊恐，除非迫不得已。

**速查 28-11 答案**

只有被延迟的函数/方法可以使用 recover。

- 通过使用关键字 defer，程序可以在函数返回之前执行指定的清理操作。
- 类型断言可以将值从接口类型转换为具体类型或者其他接口类型。
- 尽量返回错误，而不是引发惊恐。

为了检验你是否已经掌握了上述知识，请尝试完成以下实验。

## 实验：url.go

Go 标准库提供了一个解析网页地址的 url.Parse 函数（详见 Go 官方标准库网站），它在遇到不合法的网页地址（如包含空格的 https://a b.com/）时会打印出相应的错误消息。

在调用 Printf 函数打印错误消息的时候，请对其使用格式化变量%#v 以便尽可能地了解它的相关信息。在此之后，请对错误执行*url.Error 类型断言以便访问并打印错误的底层结构字段。

**注意**　统一资源定位符（简称 URL）即是万维网页面的地址。

# 第 29 章　单元实验：数独规则

数独是一个发生在 9 × 9 网格上的逻辑谜题，整个网格会被分割成 9 个相邻的 3 × 3 子网格。

网格中的每个方格可以容纳一个介于 1 至 9 之间的数字，数字 0 则表示空白。在方格中放置数字需要满足特定的约束条件。具体来说，每个被放置的数字必须符合以下规则。

- 它没有在同一行中出现过。
- 它没有在同一列中出现过
- 它没有在同一个子网格中出现过。

请使用固定大小的 9 × 9 数组来表示数独网格，并在函数或者方法需要修改数组的时候传递指向数组的指针而不是数组的副本。

请实现一个方法，它能够将一个数字放置到指定位置的方格里面，并且在该数字不符合上述任一规则时返回相应的错误。

除此之外，请实现一个方法用于清除指定方格中的数字。考虑到被清除方格附近可能会有其他空白方格（值为 0），所以这个方法在执行操作的时候不需要遵守上面提到的规则。

数独谜题在开始的时候通常会有一些预设的数字。请编写一个创建数独谜题的构造函数，并在函数中通过复合字面量为数独谜题设置初始值，就像这样：

```
s := NewSudoku([rows][columns]int8{
```

```
    {5, 3, 0, 0, 7, 0, 0, 0, 0},
    {6, 0, 0, 1, 9, 5, 0, 0, 0},
    {0, 9, 8, 0, 0, 0, 0, 6, 0},
    {8, 0, 0, 0, 6, 0, 0, 0, 3},
    {4, 0, 0, 8, 0, 3, 0, 0, 1},
    {7, 0, 0, 0, 2, 0, 0, 0, 6},
    {0, 6, 0, 0, 0, 0, 2, 8, 0},
    {0, 0, 0, 4, 1, 9, 0, 0, 5},
    {0, 0, 0, 0, 8, 0, 0, 7, 9},
})
```

预设的数字无法移动、修改或者清除。请修改程序，使得它可以区分无法修改的预设数字和人为放置的数字，并添加一条检查规则，使得程序可以在用户尝试设置或者清除任何预设数字时返回相应的错误。至于那些被初始化为 0 的数字则可以随意设置、修改和清除。

你不需要为这个练习编写数独解题器，但请通过测试确保上述所有规则都能够正确实现。

# 第 7 单元　并发编程

计算机非常擅长同时处理多项任务。你可以让它在加速一项计算的同时下载多个网页，或者独立地控制机器人的不同部分。这种同时处理多项任务的能力被称为并发。

Go 实现并发的方式跟绝大部分编程语言都不相同。在 Go 语言中，你可以通过 goroutine 并发执行任何代码，并使用通道（channel）实现多个 goroutine 之间的通信和协同，从而使得多个并发任务能够直截了当地朝着同一目标前进。

# 第 30 章　goroutine 和并发

**本章学习目标**

- 学会启动 goroutine
- 学会使用通道进行通信
- 理解通道流水线

假设现在有一个地鼠工厂，里面绝大多数地鼠都在忙着干活，当然也有少数地鼠在角落偷偷睡懒觉。工厂里面有一只位高权重的地鼠，她负责向其他地鼠发号施令。地鼠们会为了完成她分派的任务而四处奔波并且相互协作，最后将自己的工作成果汇报给她。有些地鼠会将东西传递到工厂外面，而另一些地鼠则会接收来自工厂外面的东西。

到目前为止，我们编写过的所有 Go 程序就像这间工厂里面的单只地鼠一样，只会埋头苦干而从不打扰其他地鼠。但实际上真正的 Go 程序更像一个完整的工厂，里面包含许多独立运行的任务，例如从 Web 服务器中获取数据、计算精确到百万分位的圆周率数字以及控制机械臂等，而这些并发任务之间则通过相互通信来达成共同的目的。

在 Go 中，独立运行的任务被称为 goroutine。在本章中，我们将会学习按需启动任意多个 goroutine 的方法，并通过通道在不同 goroutine 之间进行通信。虽然 goroutine 跟其他语言中的协程、纤程、进程和线程都有相似的地方，但 goroutine 跟它们并不完全相同。goroutine 的创建效率非常高，并且 Go 也能够直截了当地协同多个并发操作。

**请考虑这一点**

假设你正在编写一个需要执行一系列动作的程序，其中每个动作都需要耗费很多时间，并且在动作执行期间可能还需要等待某些事情发生。虽然我们可以使用直观的顺序式代码来编写这个程序，但是当我们想要同时执行程序中的两个或多个动作的时候，我们又该怎么办呢?

例如，你可能会让程序的一部分遍历一个电子邮件地址列表，并向其中的每个地址都发送一封电子邮件，至于程序的另一部分则负责等待传入的电子邮件并将其存储至数据库。如果是这样，你会如何编写这个程序?

在某些语言中，将顺序式代码转换成并发式代码通常需要做大量修改。但是在使用 Go 语言的时候，你可以在每个独立的任务中继续使用相同的顺序式代码，然后通过 goroutine 以并发方式运行任意数量的任务。

## 30.1　启动 goroutine

启动 goroutine 就像调用函数一样简单，你唯一要做的就是在调用前面写下一个关键字 `go`。

代码清单 30-1 模拟了之前提到的在工厂角落里打瞌睡的地鼠。这个程序的行为非常简单，但是你也可以把里面的 `Sleep` 语句看作是某种需要大量计算的操作。因为当 `main` 函数返回的时候，该程度运行的所有 goroutine 都会立即停止，所以 `main` 函数必须等待足够长的时间以便打瞌睡的地鼠可以打印出它的“...snore...”消息。为了保证 goroutine 能够顺利执行，`main` 函数的等待时间将比实际所需的更长一些。

**代码清单 30-1 打瞌睡的地鼠：sleepygopher.go**

```
package main
import (
    "fmt"
    "time"
)
func main() {
    go sleepyGopher()                  // 启动 goroutine
    time.Sleep(4 * time.Second)        // 等待地鼠从瞌睡中苏醒
}                                      // 所有 goroutine 将在程序运行至此时停止
func sleepyGopher() {
    time.Sleep(3 * time.Second)        // 地鼠睡着了
    fmt.Println("... snore ...")
}
```

**速查 30-1**

1. 怎样才能在 Go 语言里面同时做不止一件事情?
2. 使用什么关键字可以启动一个新的、独立运行的任务?

## 30.2 不止一个 goroutine

每次使用关键字 `go` 都会产生一个新的 goroutine。从表面上来看，所有 goroutine 似乎都在同时运行，但由于计算机通常只具有有限数量的处理单元，因此从技术上说，这些 goroutine 并不是真的在同时运行。

实际上，计算机的处理器通常会使用一种名为分时的技术，在多个 goroutine 上面轮流花费一些时间。因为分时的具体实施细节通常只有 Go 运行时、操作系统和处理器会知道，所以我们在使用 goroutine 的时候，应该假设不同 goroutine 中的各项操作将以任意顺序执行。

作为例子，代码清单 30-2 中的 `main` 函数将启动 5 个 `sleepyGopher` goroutine，并让它们都在休眠 3 秒之后打印出相同的输出。

**速查 30-1 答案**

1. 使用 goroutine。
2. `go`。

**代码清单 30-2　5 只打瞌睡的地鼠：sleepygophers.go**

```
package main

import (
    "fmt"
    "time"
)

func main() {
    for i := 0; i < 5; i++ {
        go sleepyGopher()
    }
    time.Sleep(4 * time.Second)
}

func sleepyGopher() {
    time.Sleep(3 * time.Second)
    fmt.Println("... snore ...")
}
```

为了找出最先从瞌睡中苏醒的地鼠，我们将向每个 goroutine 传递一个实参。向 goroutine 传递实参就跟向函数传递实参一样，都会导致传入的值被复制并以形参的方式传递。

如果你运行下面的代码清单 30-3，那么就会发现尽管我们都是按顺序一个接一个地启动程序中的 goroutine，但它们结束的顺序是各不相同的。如果你在 Go Playground 之外的地方执行这个程序，那么它每次都将以不同的顺序输出各个 goroutine 的打印结果。

**代码清单 30-3　给地鼠做标记：identifiedgophers.go**

```
func main() {
    for i := 0; i < 5; i++ {
        go sleepyGopher(i)
    }
    time.Sleep(4 * time.Second)
}

func sleepyGopher(id int) {
    time.Sleep(3 * time.Second)
    fmt.Println("... ", id, " snore ...")
}
```

这段代码有一个问题，它明明只需要等待超过 3 秒即可，但是它现在却等待了 4 秒之久。更重要的是，如果 goroutine 除休眠之外还需要做其他事情，那么我们将无法得知它们需要运行多长时间才能结束。为此，我们需要通过一些手段来让代码知悉所有 goroutine 将在何时结束。幸运的是，Go 的通道正好能够实现这一目的。

速查 30-2

多个不同的 goroutine 将以何种顺序执行？

## 30.3 通道

通道（channel）可以在多个 goroutine 之间安全地传递值，它就像老式办公室中传递邮件用的气动管道系统：你只需把对象放到管道里面，它就会飞快地出现在管道的另一端，然后其他人就可以取走这个对象了。

跟 Go 中的其他类型一样，你可以将通道用作变量、传递至函数、存储在结构中，或者做你想让它做的几乎任何事情。

跟创建映射或切片时的情况一样，创建通道需要用到内置的 make 函数，并且你还需要在创建时为其指定相应的类型。例如，以下这个通道就只能发送和接收整数值：

```
c := make(chan int)
```

在有了通道之后，我们就可以通过*左箭头操作符*（<-）向它发送值或者从它那里接收值了。

在向通道发送值的时候，我们需要将通道表达式放在左箭头操作符的左边，而待发送的值则放在左箭头操作符的右边，就好像通过箭头将值流入通道里面一样。发送操作会等待直到有另一个 goroutine 尝试对相同的通道执行接收操作为止。执行发送操作的 goroutine 在等待期间将无法执行其他操作，但是其他未在等待通道操作的 goroutine 仍然可以继续自由地运行。作为例子，以下代码演示了怎样将值 99 发送至通道 c：

```
c <- 99
```

在通过通道接收值的时候，我们需要将左箭头操作符放在通道的左边，让箭头指向通道之外的地方。下面的代码从通道 c 中接收了一个值，并将它赋值给变量 r：

```
r := <-c
```

跟执行发送操作时一样，执行接收操作的 goroutine 将等待直到有另一个 goroutine 尝试向相同的通道执行发送操作为止。

**速查 30-2 答案**

任意顺序。

**注意**　虽然在单个代码行上执行通道接收操作的做法非常常见，但这并不是必需的。通道接收操作就跟其他表达式一样，可以应用在任何能够使用表达式的地方。

代码清单 30-4 中的 `main` 函数创建了一个通道，并将其传递给了 5 个打瞌睡的地鼠 goroutine。每个 goroutine 都会休眠一段时间，然后向通道发送一个值来表明自己的身份，而 `main` 函数则会等待这 5 个 goroutine 发回的消息。这一机制可以确保当 `main` 函数执行至末尾的时候，所有 goroutine 都已经结束了休眠，而 `main` 函数则能够在不打扰任何地鼠美梦的情况下返回。举一个现实点的例子，如果现在有一个程序，它需要将某些复杂的数学运算结果存储到在线存储器里面，那么当它在同时保存多个结果的时候，我们肯定不希望程序在所有结果都被成功存储之前就草草退出。

**代码清单 30-4　使用通道引导打瞌睡的地鼠：simplechan.go**

```
func main() {
    c := make(chan int)          ← 创建出用于通信的通道
    for i := 0; i < 5; i++ {
        go sleepyGopher(i, c)
    }
    for i := 0; i < 5; i++ {     ← 从通道中接收值
        gopherID := <-c
        fmt.Println("gopher ", gopherID, " has finished sleeping")
    }
}

func sleepyGopher(id int, c chan int) {     ← 将通道声明为实参
    time.Sleep(3 * time.Second)
    fmt.Println("... ", id, " snore ...")
    c <- id                      ← 将值回传至 main 函数
}
```

图 30-1 中的方框表示 goroutine，圆圈表示通道。goroutine 与通道之间的连线标记了引

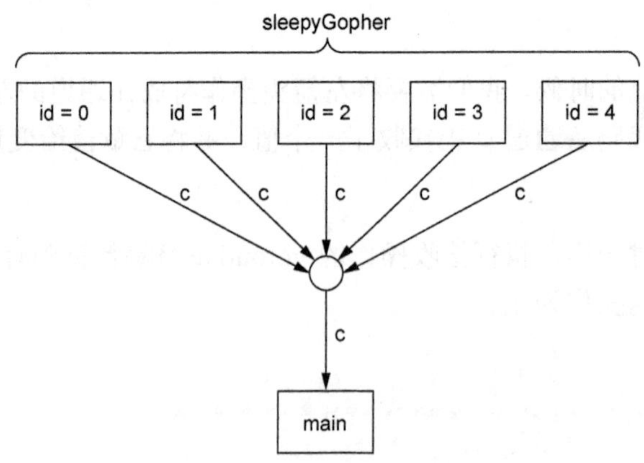


图 30-1　各个 goroutine 的协作

用该通道的变量名称，而箭头的方向则表明了 goroutine 使用通道的方式。箭头指向通道表示 goroutine 在向通道发送值，而箭头指向 goroutine 则表示 goroutine 在接收来自通道的值。

> **速查 30-3**
>
> 1. 你应该使用什么语句，才能够将字符串"hello world"发送至名为 c 的通道？
> 2. 如何才能从通道中接收值并将其赋值给变量？

## 30.4 使用 select 处理多个通道

在前面的例子中，我们使用了单个通道来等待多个 goroutine。这种做法在所有 goroutine 都产生相同类型的值时相当好用，但情况并不总是如此。在实际中，程序通常需要等待两种或者多种不同类型的值。

这种情况的一个例子是，当我们在等待通道中的某些值时，可能并不愿意等得太久。例如，我们可能会对打瞌睡的地鼠感到不耐烦，并在等候一段时间之后选择放弃。或者我们想要在网络请求发生数秒之后将其判断为超时，而不是白白地等候好几分钟。

值得一提的是，Go 标准库提供了一个非常棒的函数 `time.After` 来帮助我们实现这一目的。这个函数会返回一个通道，该通道会在经过特定时间之后接收到一个值（发送该值的 goroutine 是 Go 运行时的其中一部分）。

如果程序打算继续从打瞌睡的地鼠 goroutine 那里接收值，那么它必须等待直到所有 goroutine 都结束休眠或者我们的耐心耗尽为止。这意味着程序必须同时等待计时器通道和其他通道，而 `select` 语句正好能够做到这一点。

`select` 语句跟我们前面在第 3 章看到过的 `switch` 语句有点儿相似，该语句包含的每个 `case` 分支都持有一个针对通道的接收或发送操作。`select` 会等待直到某个分支的操作就绪，然后执行该操作及其关联的分支语句，它就像是在同时监控两个通道，并在发现其中一个通道出现情况时采取行动。

代码清单 30-5 使用了 `time.After` 函数来创建超时通道，并使用了 `select` 语句来同时等待打瞌睡的地鼠通道和超时通道。

---

**速查 30-3 答案**

1. `c <- "hello world"`
2. `v = <-c`

**代码清单 30-5 不耐烦地等待打瞌睡的地鼠：select1.go**

```
timeout := time.After(2 * time.Second)
for i := 0; i < 5; i++ {
    select {                          ← select 语句
    case gopherID := <-c:             ← 等待地鼠醒来
        fmt.Println("gopher ", gopherID, " has finished sleeping")
    case <-timeout:                   ← 等待直到时间耗尽
        fmt.Println("my patience ran out")
        return                        ← 放弃等待然后返回
    }
}
```

**提示** select 语句在不包含任何分支的情况下将永远地等待下去。当你启动多个 goroutine 并且打算让它们无限期地运行下去的时候，就可以用这个方法来阻止 main 函数返回。

因为所有地鼠 goroutine 都会正好休眠 3 秒，而我们的耐心总会在所有地鼠都醒来之后才耗尽，所以这个程序初看上去并不是特别有趣。但如果我们像下面的代码清单 30-6 那样，让各个地鼠 goroutine 随机地休眠一段时间，那么当你运行这个程序的时候，就会发现有些地鼠能够及时醒来，而有些则不能。

**代码清单 30-6 随机打瞌睡的地鼠：select2.go**

```
func sleepyGopher(id int, c chan int) {
    time.Sleep(time.Duration(rand.Intn(4000)) * time.Millisecond)
    c <- id
}
```

**提示** 这个模式适用于任何想要控制事件完成时间的场景。通过将动作放入 goroutine 并在动作完成时向通道执行发送操作，我们可以为 Go 中的任何动作都设置超时。

**注意** 即使程序已经停止等待 goroutine，但只要 main 函数还没返回，仍在运行的 goroutine 就会继续占用内存。所以在情况允许的情况下，我们还是应该尽量结束无用的 goroutine。

### 什么都不做的 nil 通道

因为创建通道需要显式地使用 make 函数，所以你可能会好奇，如果我们不使用 make 函数初始化通道变量的值，那么会发生什么？答案是，跟映射、切片和指针一样，通道的值也可以是 nil，而这个值实际上也是它们默认的零值。

对值为 nil 的通道执行发送或接收操作并不会引发惊恐，但是会导致操作永久阻塞，就好像遇到了一个从来没有接收或者发送过任何值的通道一样。但如果你尝试对值为 nil 的通道执行稍后将要介绍的 close 函数，那么该函数将引发惊恐。

初看上去，值为 nil 的通道似乎没什么用处，但事实恰恰相反。例如，对于一个包含 select 语句的循环，如果我们不希望程序在每次循环的时候都等待 select 语句涉及的所有通道，那么可以先将某些通道设置为 nil，等到待发送的值准备就绪之后，再为通道变量赋予一个非 nil 值并执行实际的发送操作。

到目前为止，一切都如我们意料中的那样。当 main 函数对通道执行接收操作的时候，它将会找到地鼠 goroutine 向该通道发送的值。但如果程序在没有任何 goroutine 向通道发送值的情况下，意外地对通道执行了接收操作，那么会出现什么情况？如果它执行的不是接收操作而是发送操作呢？

**速查 30-4**

1. time.After 返回的是什么类型的值?
2. 对值为 nil 的通道执行发送操作或是接收操作将产生什么后果?
3. select 语句的每个分支可以包含什么?

## 30.5 阻塞和死锁

当 goroutine 在等待通道的发送或者接收操作的时候，我们就说它被阻塞了。听上去，这似乎跟我们写一个不做任何事情只会空转的无限循环一样，并且它们从表面上看也非常相似。但实际上，如果你在笔记本电脑的程序中运行类似的无限循环，那么过不了多久，你就会发现笔记本电脑由于忙着执行这个循环而变得越来越热，并且风扇也开始转得越来越快了。与此相反，除 goroutine 本身占用的少量内存之外，被阻塞的 goroutine 并不消耗任何资源。goroutine 会静静地停在那里，等待导致它阻塞的事情发生，然后解除阻塞。

当一个或多个 goroutine 因为某些永远无法发生的事情而被阻塞时，我们称这种情况为死锁，而出现死锁的程序通常都会崩溃或者被挂起。引发死锁的代码甚至可以非常简单，就像这样：

```
func main() {
    c := make(chan int)
    <-c
}
```

在大型程序中，死锁可能会涉及多个 goroutine 之间一系列错综复杂的依赖关系。

虽然死锁在理论上很难杜绝，但通过遵守稍后介绍的一些简单规则，在实际中创建出不会死锁的程序并不困难。即使你真的发现了死锁，Go 也可以向你展示所有 goroutine 的状态，

**速查 30-4 答案**

1. 通道。
2. 操作将永远阻塞。
3. 一个通道操作。

因此找出症结解决问题通常并不是一件难事。

**速查 30-5**

被阻塞的 goroutine 会做什么？

## 30.6　地鼠装配线

到目前为止，我们只看到了一些昏昏欲睡的地鼠，它们的所作所为就是打个瞌睡，然后醒来向通道发送一个值。但事实上并非整个工厂的地鼠都是如此，例如，装配线上的地鼠就在兢兢业业地工作。它们会从装配线中较为前端的地鼠那里接收到物品，并对该物品做一些处理，然后把物品传递给装配线上的下一只地鼠。尽管装配线上的每只地鼠完成的工作都很简单，但整条装配线最终产生的结果可能是相当复杂的。

这种名为流水线的技术能够有效地处理庞大的数据流，而无须占用大量内存。尽管每个 goroutine 每次只能持有单个值，但随着时间推移，它们将能够处理数以百万计的值。除此之外，你也可以把流水线看作是一种“思维工具”，它可以帮助你更容易地解决某类问题。

万事俱备，我们现在已经具有了将多个 goroutine 组装为流水线所需的全部工具。在这个流水线中，Go 值将沿着流水线向下流动，从一个 goroutine 传递至下一个 goroutine。流水线上的工人将不断地从它们的上游邻居那里接收值，并在对值执行某些操作之后，将其结果发送至下游。

接下来我们将构建一条处理字符串值的工人装配线。代码清单 30-7 展示了位于装配线起始端的地鼠，它们是流的源头，这些地鼠只会发送值而不会读取任何值。其他程序的流水线起始端通常会从文件、数据库或者网络中读取数据，但我们的地鼠程序只会发送几个任意的值。为了在所有值均已发送完成时通知下游地鼠，程序使用了空字符串作为哨兵值，并将其用于标识发送已经完成。

**代码清单 30-7　源头地鼠：pipeline1.go**

```
func sourceGopher(downstream chan string) {
    for _, v := range []string{"hello world", "a bad apple", "goodbye all"}
➥ {
        downstream <- v
```

**速查 30-5 答案**

什么都不做。

```
    }
    downstream <- ""
}
```

代码清单 30-8 中的地鼠会筛选出装配线上所有不好的东西。具体来说，这个函数会从上游通道中读取值，并在字符串值不为"bad"的情况下将其发送至下游通道。当函数见到结尾的空字符串时，它就会停止筛选工作，并确保将空字符串也发送给下游的地鼠。

**代码清单 30-8 过滤地鼠：pipeline1.go**

```
func filterGopher(upstream, downstream chan string) {
    for {
        item := <-upstream
        if item == "" {
            downstream <- ""
            return
        }
        if !strings.Contains(item, "bad") {
            downstream <- item
        }
    }
}
```

位于装配线最末端的是打印地鼠，这只地鼠没有任何下游，代码清单 30-9 展示了它的定义。在其他程序中，位于流水线末端的函数通常会将结果存储到文件或者数据库里面，或者将这些结果的摘要打印出来，代码清单 30-9 的打印地鼠将打印出它看到的所有值。

**代码清单 30-9 打印地鼠：pipeline1.go**

```
func printGopher(upstream chan string) {
    for {
        v := <-upstream
        if v == "" {
            return
        }
        fmt.Println(v)
    }
}
```

一切准备就绪，现在我们可以将所有地鼠程序组装起来了。整条流水线共分为源头、过滤和打印这 3 个阶段，但是只用到了两个通道。因为我们希望可以在整条流水线都被处理完成之后再退出程序，所以我们没有为最后一只地鼠创建新的 goroutine。当 printGopher 函数返回的时候，我们可以确认其他两个 goroutine 已经完成了它们各自的工作，而 printGopher 也可以顺利地返回至 main 函数，然后完成整个程序。代码清单 30-10 和图 30-2 展示了这一过程。

代码清单 30-10　组装：pipeline1.go

```
func main() {
    c0 := make(chan string)
    c1 := make(chan string)
    go sourceGopher(c0)
    go filterGopher(c0, c1)
    printGopher(c1)
}
```

sourceGopher —上游→ ○ —下游→ filterGopher —上游→ ○ —下游→ printGopher

图 30-2　地鼠流水线

目前实现的这个流水线程序虽然可以正常运作，但它有一个问题：程序使用了空字符串来表示所有值均已发送完毕，但是当它需要像处理其他值一样处理空字符串的时候，该怎么办？为此，我们可以使用结构值来代替单纯的字符串值，在结构里面分别包含一个字符串和一个布尔值，并使用布尔值来表示当前字符串是否是最后一个值。

但事实上还有更好的办法。Go 允许我们在没有值可供发送的情况下通过 close 函数关闭通道，就像这样：

```
close(c)
```

通道被关闭之后将无法写入任何值，如果尝试写入值将会引发惊恐。尝试读取已被关闭的通道将会获得一个与通道类型对应的零值，而这个零值就可以代替上述程序中的空字符串。

**注意**　当心！如果你在循环里面读取一个已关闭的通道，并且没有检查该通道是否已经关闭，那么这个循环将一直运转下去，并耗费大量的处理器时间。为了避免这种情况发生，请务必对那些可能会被关闭的通道做相应的检查。

执行以下代码可以获悉通道是否已经被关闭：

```
v, ok := <-c
```

通过将接收操作的执行结果赋值给两个变量，我们可以根据第二个变量的值来判断此次通道读取操作是否成功。如果该变量的值为 false，那么说明通道已被关闭。

在了解了通道的这一特性之后，关闭整条流水线将变得更加容易。代码清单 30-11 展示了应用这一特性之后的源头地鼠 goroutine。

代码清单 30-11　修改后的源头地鼠：pipeline2.go

```
func sourceGopher(downstream chan string) {
    for _, v := range []string{"hello world", "a bad apple", "goodbye all"}
```

```
➥ {
        downstream <- v
    }
    close(downstream)
}
```

代码清单 30-12 展示了修改之后的过滤地鼠 goroutine。

**代码清单 30-12 修改后的过滤地鼠：pipeline2.go**

```
func filterGopher(upstream, downstream chan string) {
    for {
        item, ok := <-upstream
        if !ok {
            close(downstream)
            return
        }
        if !strings.Contains(item, "bad") {
            downstream <- item
        }
    }
}
```

因为“从通道里面读取值，直到它被关闭为止”这种模式实在是太常用了，所以 Go 为此提供了一种快捷方式。通过在 `range` 语句里面使用通道，程序可以在通道被关闭之前，一直从通道里面读取值。

这也意味着我们可以通过 `range` 循环以更简单的方式重写过滤地鼠的代码。代码清单 30-13 展示了重写之后的代码，它的行为跟之前展示的过滤地鼠代码一模一样。

**代码清单 30-13 使用 `range` 实现的过滤地鼠代码：pipeline2.go**

```
func filterGopher(upstream, downstream chan string) {
    for item := range upstream {
        if !strings.Contains(item, "bad") {
            downstream <- item
        }
    }
    close(downstream)
}
```

正如下面的代码清单 30-14 所示，跟过滤地鼠一样，我们也可以使用 `range` 语句重写打印地鼠的代码，使得这只位于装配线末端的地鼠可以读取通道中的所有消息并且一个接一个地打印它们。

**代码清单 30-14 使用 `range` 实现的打印地鼠代码：pipeline2.go**

```
func printGopher(upstream chan string) {
    for v := range upstream {
```

```
        fmt.Println(v)
    }
}
```

速查 30-6

1. 尝试读取一个已经关闭的通道会得到什么值？
2. 如何才能检测出通道是否已经关闭？

## 30.7 小结

- 使用 go 语句可以启动一个新的 goroutine，并且这个 goroutine 将以并发方式运行。
- 通道用于在多个 goroutine 之间传递值。
- 创建通道需要用到内置的 make 函数，如 make(chan string)。
- 为了从通道里面接收值，程序需要将<-操作符放在通道值的前面。
- 为了将值发送至通道，程序需要将<-操作符放在通道值和待发送值的中间。
- close 函数可以关闭一个通道。
- range 语句可以从通道中读取所有值，直到通道关闭为止。

为了检验你是否已经掌握了上述知识，请尝试完成以下实验。

### 实验：remove-identical.go

看见重复的输出是一件非常无趣的事情。请编写一个流水线部件（一个 goroutine），它需要记住前面出现过的所有值，并且只有在值之前从未出现过的情况下才会将其传递至流水线的下一阶段。为了让情况变得简单一点，你可以假定通道的第一个值永远不会是空字符串。

### 实验：split-words.go

一般来说，处理单词通常要比处理句子容易一些。请编写一个流水线部件，它接收字符串并将它们拆分成单词，然后向流水线的下一阶段一个接一个地发送这些单词。将字符串拆分为单词的工作可以通过 strings 包的 Fields 函数来完成。

---

速查 30-6 答案

1. 该通道类型的零值。
2. 使用二值赋值语句即可：v, ok := <-c。

# 第 31 章　并发状态

**本章学习目标**

- 学会维持状态安全
- 学会使用互斥锁和应答通道
- 学会实现服务循环

让我们将目光再次聚焦到地鼠工厂。由于地鼠工人们的辛勤劳作，某些生产线出现了库存不足的情况，它们需要订购更多原材料。

可惜这是一间旧式工厂，尽管每条生产线都有各自的电话话筒，但整个工厂只有一条共享的电话线路。当一只地鼠拿起电话打算下订单的时候，另一只地鼠可能也会拿起电话拨号，并对正在讲话的前一只地鼠产生干扰，而之后可能还会有其他地鼠尝试使用电话……最终结果就是所有地鼠都被搞得一头雾水，订单也无法顺利下达。为了解决这个问题，工厂的地鼠们必须达成某种协议，使得同一时间内只能有一只地鼠使用电话！

Go 程序中的共享值跟上面提到的共享电话有些相似，当有两个或者多个 goroutine 同时使用这个共享值的时候，程序有可能会出错。当然，如果两个 goroutine 碰巧从来都没有同时使用过同一个值，那么程序也可能照常运行，但这种潜在的出错风险仍然是存在的。

电话里面同时说话的两只地鼠可能会把接电话的卖家弄糊涂，最终导致订错物品、弄错数量，或者把订单的其他方面搞错了。任何问题都有可能发生，谁都不知道结果会怎么样。

这就是在 Go 程序中使用共享值可能会遇到的问题。除非我们明确知道问题中的某种值能够并发使用，否则我们应该假定它们是不能并发使用的。我们把这种多个 goroutine 争相使用值的情况称之为竞态条件。

**注意** Go 编译器包含尝试在代码里面发现竞态条件的功能。这个功能相当值得一试，并且如果它真的发现了竞态条件，那么你应该花些时间去修复它们。详情参见 Go 官方网站。

**注意** 两个 goroutine 同时读取相同的事物并不会产生竞态条件，但如果一个 goroutine 在写入事物的同时，另一个 goroutine 尝试写入或者读取相同的事物，那么后者的行为将是未定义的。

**请考虑这一点**

假设我们现在运行着一批 goroutine，用于实现网络爬行和网页抓取。我们可能会想要记录每个已经访问过的网页以及网页中包含的网络链接数量（为了对搜索结果中的网页进行评分，谷歌公司也做了类似的事情）。

初看上去，我们似乎可以用一个映射来记录每个网页包含的链接数量，并在多个 goroutine 之间共享这一映射。这样一来，当 goroutine 在处理某个网页的时候，程序只需要对该网页在映射中对应的条目执行增量操作即可。

然而问题在于，如果同时有多个 goroutine 尝试更新映射，那么就会产生竞态条件。为了解决这个问题，我们需要用到接下来将要介绍的互斥。

## 31.1 互斥锁

在地鼠工厂里，有一只聪明的地鼠想出了一个非常棒的主意。她在工厂地板的中间放置了一只玻璃罐，并在罐子里面放入了一个金属令牌。每只想要打电话的地鼠都需要从罐子里面取出令牌，然后在打电话的过程中一直持有它，等到打完电话之后才将它放回罐子里面。如果一只地鼠想要打电话，但是没有在玻璃罐里面发现令牌，那么它就需要等待直到令牌被归还为止。

需要注意的是，玻璃罐并没有从物理上杜绝地鼠在没有取得令牌的情况下使用电话。如果真的发生这种情况，那么两只地鼠同时通过电话与另一只地鼠交谈所产生的结果将是未知的。此外，我们还需要考虑这样一种情况：如果一只地鼠在持有令牌之后忘记归还令牌，那么在它想起归还令牌之前，所有其他地鼠将无法使用电话。

Go 程序中的**互斥锁**（mutex）就等同于上面提到的玻璃罐，其中“**互斥**”一词则是“**相互排斥**”的缩写。goroutine 可以通过互斥锁阻止其他 goroutine 在同一时间进行某些事情，至于事情的具体内容则由程序员指定。跟工厂里的玻璃罐一样，为了保证互斥锁的“互斥”性质，程序在访问被保护的东西时必须非常小心。

互斥锁具有 `Lock` 和 `Unlock` 两个方法。调用 `Lock` 就像是从玻璃罐里面取出令牌，而调用 `Unlock` 则像是把令牌重新放回玻璃罐里面。如果有 goroutine 尝试在互斥锁已经锁定的情况下调用 `Lock` 方法，那么它就需要等到解除锁定之后才能够再次上锁。

为了正确地使用互斥锁，我们需要确保所有访问共享值的代码必须先锁定互斥锁，然后才能执行所需的操作，并且在操作完成之后必须解除互斥锁。任何不遵循这一模式的代码都可能会引发竞态条件。基于上述原因，互斥锁在绝大多数情况下只会在包的内部使用。包会通过互斥锁保护指定的内容，并将相应的 `Lock` 和 `Unlock` 调用巧妙地隐藏在方法和函数的背后。

和通道不一样，互斥锁并未内置在 Go 语言当中，而是通过 `sync` 包提供。代码清单 31-1 展示了一个对全局互斥锁的值进行上锁和解锁的完整程序。正如该程序所示，我们在使用互斥锁的时候不需要对其实施初始化——它的零值就是一个未上锁的互斥锁。

**代码清单 31-1 对互斥锁进行上锁和解锁：mutex.go**

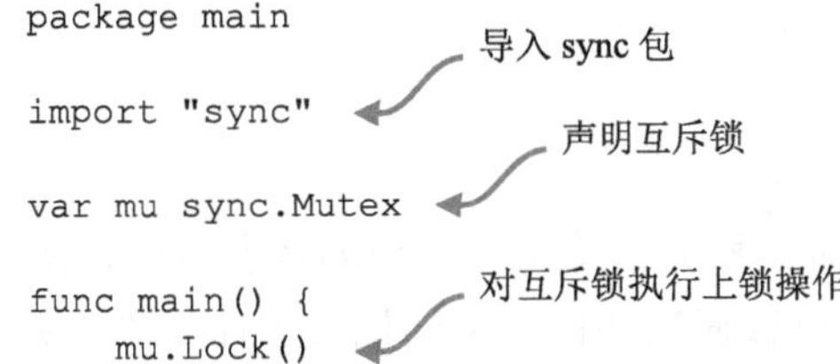


```go
package main

import "sync"

var mu sync.Mutex

func main() {
    mu.Lock()
```

```
    defer mu.Unlock()          ←—— 在函数返回之前解锁互斥锁
    // 在函数返回之前，互斥锁始终处于锁定状态
}
```

这个程序还使用了第 28 章介绍过的关键字 defer。在 defer 的帮助下，即使函数包含大量代码，我们也能够将 Unlock 调用直接放在 Lock 调用之后。

**注意**　defer 语句在函数包含多个 return 语句时特别有用。如果没有 defer，我们就需要在每个返回语句的前面都调用一次 Unlock，而且说不定还会忘了其中的某一个。

代码清单 31-2 展示了一种结构类型，网络爬虫可以使用它来统计已访问网页包含的链接数量。其中结构包含的映射负责存储统计数据，而结构中的互斥锁则负责保护统计数据。这种将 sync.Mutex 用作结构成员的做法是一种常见的模式。

**提示**　将互斥锁的定义放置在被保护的变量之上，并通过添加注释说明它们之间的关联，这是一种非常好的做法。

**代码清单 31-2　页面引用映射：scrape.go**

```
// Visited 用于记录网页是否被访问过
// 它的方法可以在多个 goroutine 中并发使用
type Visited struct {
    // mu 用于保护 visited 映射
    mu      sync.Mutex          ←—— 声明一个互斥锁
    visited map[string]int      ←—— 声明一个从网址（字符串）键指向整数值的映射
}
```

**注意**　正如代码清单 31-2 所示，在 Go 中，除非有文档显式地说明，否则我们应该假定所有方法在并发使用时都是不安全的。

代码清单 31-3 定义了爬虫在遇到链接时调用的 VisitLink 方法，这个方法会返回给定链接之前出现过的次数。

**代码清单 31-3　访问链接：scrape.go**

```
// VisitLink 会记录本次针对给定网址的访问，然后返回更新之后的链接统计值
func (v *Visited) VisitLink(url string) int {
    v.mu.Lock()                 ←—— 锁定互斥锁
    defer v.mu.Unlock()         ←—— 确保锁定会在之后解除
    count := v.visited[url]
    count++
    v.visited[url] = count      ←—— 更新映射
    return count
}
```

因为 Go Playground 会有意识地保持程序的确定性并消除可能出现的竞态条件，所以它并不是一个实验竞态条件的好地方，但我们还是可以通过在语句之间插入 time.Sleep 调

用来进行实验。

请使用第 30 章开头引入的技术，启动几个 goroutine 并让它们以不同的值调用 `VisitLink` 方法，然后在不同地方插入 `Sleep` 语句来模拟竞态条件。此外，请尝试删除代码清单 31-3 中的 `Lock` 调用和 `Unlock` 调用，看看会发生什么情况。

互斥锁能够非常直观地为一部分小而明确的状态提供保护。如果你正在编写一些方法，并且希望它们能够同时被多个 goroutine 使用，那么互斥锁将是你必不可少的工具。

**速查 31-1**

1. 当两个 goroutine 同时修改同一个值的时候，会发生什么事情?
2. 尝试对一个已被锁定的互斥锁执行锁定操作，会发生什么事情?
3. 尝试对一个未被锁定的互斥锁执行解锁操作，会发生什么事情?
4. 同时在多个不同的 goroutine 里面调用相同类型的方法是安全的吗?

## 互斥锁的隐患

代码清单 31-2 的程序在锁定互斥锁之后，只会做一件非常简单的事情：更新映射。程序在锁定之后需要执行的操作越多，我们越要小心。如果一个 goroutine 在锁定互斥锁之后因为某些事情而被阻塞，那么想要取得互斥锁的其他 goroutine 就可能会被耽搁很长一段时间。更严重的是，如果持有互斥锁的 goroutine 因为某些原因而尝试锁定同一个互斥锁，那么就会引发死锁——正在尝试执行加锁操作的 goroutine 将永远无法解除已经被锁定的互斥锁，最终导致 `Lock` 调用被永久阻塞。

为了保证互斥锁的使用安全，我们必须遵守以下规则。

- 尽可能地简化互斥锁保护的代码。
- 对每一份共享状态只使用一个互斥锁。

互斥锁很适合用来处理简单的共享状态，但是在面对更为复杂的共享状态时，我们将需要更强力的工具来保证并发安全。

**速查 31-1 答案**

1. 结果是未定义的。程序可能会崩溃或者发生其他问题。
2. 执行锁定操作的 goroutine 将被阻塞，直到互斥锁解锁为止。
3. 执行解锁操作的 goroutine 将由于尝试解锁一个未被锁定的互斥锁而引发惊恐。
4. 除非文档明确地表示方法可以并发使用，否则不能这么做。

**速查 31-2**

尝试锁定一个互斥锁可能会引起哪两个问题?

## 31.2 长时间运行的工作进程

假设我们的任务是驱动一架在火星表面行走的探测器。好奇号火星探测器上的软件由一系列独立的模块组织而成，各个模块之间通过传递消息进行通信，这种做法与 Go 的 goroutine 非常相似。

探测器的各个模块需要为探测器行为的不同方面负责。我们接下来要做的就是编写一些 Go 代码，并使用这些代码驱动一台（高度简化的）探测器在虚拟的火星上行进。因为我们没有实际的引擎可供驱动，所以作为替代，我们将对存储探测器坐标的变量进行更新。此外，由于我们希望可以从地球上遥控探测器，因此它还需要对外部命令进行响应。

**注意**　本节构建的代码结构适用于所有需要独立运行的长期任务，如网站的轮询器和硬件的设备控制器。

作为驱动探测器的第一步，我们需要启动一个 goroutine 来负责控制探测器的位置。这个 goroutine 会随着探测器软件一同启动，然后持续运行直到它被关闭为止。我们把这种一直存在并且独立运行的 goroutine 称为*工作进程*（worker）。

工作进程通常会被写成包含 `select` 语句的 `for` 循环。只要工作进程在运行，循环就会继续下去，而 `select` 则会等待某些有趣的事情发生。在这种情况下，“有趣的事情”也可能是一个来自外部的命令。别忘了，虽然工作进程能够独立运行，但我们还是希望能够对其进行控制。除此之外，我们还可以通过定时事件告知工作进程应该在何时移动探测器。

以下是一个没有任何实际用途的工作进程的函数框架：

```
func worker() {
    for {
        select {
        // 在此处等待通道
        }
    }
```

**速查 31-2 答案**

首先，锁定操作可能会导致其他同样在尝试执行锁定操作的 goroutine 被阻塞；其次，锁定操作可能会引发死锁。

```
}
```

我们可以用前面例子中启动 goroutine 的方法来启动这个工作进程：

```
go worker()
```

**事件循环和 goroutine**

某些编程语言会使用名为事件循环的中心循环（central loop）来等待事件，并在事件发生时调用相应的已注册函数。Go 通过提供 goroutine 作为核心概念，消除了对中心循环的需求。我们可以把任何工作进程 goroutine 都看作是独立运行的事件循环。

我们希望火星探测器可以定期更新它自己的位置。为此，程序需要每隔一段时间就唤醒驱动探测器的工作进程 goroutine，并让它执行指定的更新操作。定期唤醒可以通过第 30 章介绍过的 `time.After` 来完成，该函数提供的通道可以让工作进程在指定的时间段之后从通道接收值。

代码清单 31-4 中的工作进程会每秒打印一个值。不过它目前只会对一个数字执行增量操作，暂时还不会更新位置信息。此外，程序在接收到定时器事件之后将再次调用 `After`，这样它在下次循环的时候，等待的就是新的计时器通道。

**代码清单 31-4 打印数字的工作进程：printworker.go**

```
func worker() {
    n := 0
    next := time.After(time.Second)        // 创建初始计时器通道
    for {
        select {
        case <-next:                       // 等待计时器击发
            n++
            fmt.Println(n)                 // 打印数字
            next = time.After(time.Second) // 为下一次事件循环创建新的计时器通道
        }
    }
}
```

**注意** 严格来讲，这个例子并不需要用到 `select` 语句。只包含一个分支的 `select` 语句实际上跟直接执行通道操作的效果是一样的。这个例子之所以会使用 `select` 语句，是因为在本章稍后的内容中，我们将修改程序，让它同时等待不止一个计时器。否则，我们完全可以使用 `time.Sleep` 来代替这里的 `After` 调用。

在有了一个能够自主行动的工作进程之后，我们可以通过让它更新位置信息而不是数字来使它变得更像一台探测器。Go 的 `image` 包正好提供了能够表示探测器当前位置和方向的 `Point` 类型，这种类型的结构会通过相应的方法来存储点的 $x$ 轴坐标和 $y$ 轴坐标，例如，它的 Add 方法就可以将一个点与另一个点相加。

具体来说，程序将使用 *x* 轴表示东西方向，*y* 轴表示南北方向。为了使用 Point 类型，程序还需要导入 image 包：

```
import "image"
```

正如代码清单 31-5 所示，每当程序从定时器通道那里接收值的时候，它会将表示当前方向的点与当前位置相加。目前，探测器始终从同一位置[10, 10]开始并向东行进，稍后我们会做修改。

**代码清单 31-5 更新位置的工作进程：positionworker.go**

```
func worker() {
    pos := image.Point{X: 10, Y: 10}          // 当前位置（初始值为[10, 10]）
    direction := image.Point{X: 1, Y: 0}      // 当前方向（初始值为[1, 0]）向东
    next := time.After(time.Second)
    for {
        select {
        case <-next:
            pos = pos.Add(direction)
            fmt.Println("current position is ", pos)   // 打印出当前位置
            next = time.After(time.Second)
        }
    }
}
```

我们的火星探测器目前功能还很少，它唯一能做的事情就是沿着直线行进。为了改变这一现状，我们希望自己能够控制探测器，并让它实现转向、停止或者加速等功能。为此，我们将向程序中添加一个通道，并将其用于向工作进程发送命令。当工作进程从命令通道中接收到值的时候，它就会执行指定的命令。因为在 Go 语言中，通道常常被看作是实现细节，所以我们一般都会把通道隐藏在方法的后面，这一次也不例外。

代码清单 31-6 中的 RoverDriver 类型包含了一个通道，我们将使用它来向工作进程发送命令，至于具体的命令则会被存储在类型为 command 的值当中。

**代码清单 31-6 RoverDriver 类型：rover.go**

```
// RoverDriver 用于驱动一台在火星表面行进的探测器
type RoverDriver struct {
    commandc chan command
}
```

正如代码清单 31-7 所示，创建通道并启动工作进程的逻辑被包裹在了 NewRoverDriver 函数里面，而工作进程的具体实现逻辑则被定义在了 drive 方法中。虽然 drive 是一个方法，但它的功能和本章前面介绍过的 worker 函数是一样的，并且作为 RoverDriver 结

构的方法，它将能够访问结构中的任何一个值。

**代码清单 31-7 创建操作：rover.go**

```
func NewRoverDriver() *RoverDriver {
    r := &RoverDriver{
        commandc: make(chan command),
    }
    go r.drive()
    return r
}
```

接下来，我们还需要考虑应该向探测器发送何种命令。为了让示例保持简单，我们决定暂时只支持“左转 90°”和“右转 90°”两个命令，具体如代码清单 31-8 所示。

**代码清单 31-8 命令类型：rover.go**

```
type command int

const (
    right = command(0)
    left  = command(1)
)
```

**注意** 这里使用简单的 int 作为命令类型只是为了展示需要，实际上 Go 的通道可以传递任何类型的值，并且我们也可以使用任意复杂的结构类型来表示命令。

在定义了 RoverDriver 类型以及创建并实例化该类型的函数之后，我们接下来要实现的就是函数中提及的 drive 方法。代码清单 31-9 展示了这个方法的具体定义，这个控制探测器的工作进程跟我们之前看到过的更新位置的工作进程非常相似，唯一的区别在于，新工作进程除了需要更新位置，还需要等待命令通道传来的命令。当工作进程接收到命令的时候，它将根据命令的值决定执行何种操作，并使用日志对此进行记录，以便我们观察探测器的一举一动。

**代码清单 31-9 RoverDriver 工作进程：rover.go**

```
// drive 负责驱动探测器。这个方法应该放在 goroutine 中运行
func (r *RoverDriver) drive() {
    pos := image.Point{X: 0, Y: 0}
    direction := image.Point{X: 1, Y: 0}
    updateInterval := 250 * time.Millisecond
    nextMove := time.After(updateInterval)
    for {
        select {
        case c := <-r.commandc:          ← 等待接收来自命令通道的命令
            switch c {
            case right:                  ← 向右转
                direction = image.Point{
```

```
                    X: -direction.Y,
                    Y: direction.X,
                }
            case left:          ←—— 向左转
                direction = image.Point{
                    X: direction.Y,
                    Y: -direction.X,
                }
            }
            log.Printf("new direction %v", direction)
        case <-nextMove:
            pos = pos.Add(direction)
            log.Printf("moved to %v", pos)
            nextMove = time.After(updateInterval)
        }
    }
}
```

现在，我们只需要给 RoverDriver 类型再加上一些控制探测器的方法，这个类型的定义就可以完成了。正如代码清单 31-10 所示，我们会为两个命令分别定义两个方法，而这两个方法都会向 commandc 通道发送相应的命令。例如，如果我们调用 Left 方法，那么该方法将向通道发送 left 命令值，而工作进程则会在通过通道接收到这个命令值之后改变探测器的方向。

**代码清单 31-10　RoverDriver 的方法：rover.go**

```
// Left 会将探测器转向左方（逆时针 90°）
func (r *RoverDriver) Left() {
    r.commandc <- left
}

// Right 会将探测器转向右方（顺时针 90°）
func (r *RoverDriver) Right() {
    r.commandc <- right
}
```

**注意**　尽管上述方法都可以控制探测器的方向，但是因为它们没有直接访问方向值，并且也不会并发地修改方向值，所以不存在引发竞态条件的危险。此外，通道的存在使得其与探测器的 goroutine 可以在无须直接修改自身任何值的情况下实现通信，因此这个程序不需要用到互斥锁。

在有了功能完整的 RoverDriver 类型之后，我们就可以像代码清单 31-11 那样创建一台探测器并向它发送命令了。是时候让我们的探测器来一次火星漫游了！

**代码清单 31-11　出发吧：rover.go**

```
func main() {
    r := NewRoverDriver()
    time.Sleep(3 * time.Second)
    r.Left()
```

```
        time.Sleep(3 * time.Second)
        r.Right()
        time.Sleep(3 * time.Second)
}
```

你可以通过使用不同的休眠时间以及发送不同的命令来试验这个 RoverDriver 类型。

尽管这个程序关注的是火星探测器，但是它展示的工作进程模式也适用于很多其他不同的场景。在这些场景中，程序不仅需要用一些长时间运行的 goroutine 来控制某些事物，与此同时还需要保留对外部控制的响应。

**速查 31-3**

1. Go 提供了什么来替代事件循环？
2. Go 标准库中的哪个包提供了 Point 数据类型？
3. 在实现长时间运行的工作进程 goroutine 时，你会使用 Go 中的哪些语句？
4. 如何隐藏使用通道时的内部细节？
5. Go 的通道可以发送哪些值？

## 31.3 小结

- 除非另有声明，否则永远不要在同一时间使用多于一个的 goroutine 访问相同的状态。
- 使用互斥锁可以确保在同一时间内，只能有一个 goroutine 访问指定的状态。
- 使用互斥锁可以只为一部分状态提供保护。
- 应该将加锁之后要做的工作减至最少。
- 使用长时间运行的 goroutine 可以实现带有 select 循环的工作进程。
- 可以把工作进程的实现细节隐藏在方法后面。

为了检验你是否已经掌握了上述知识，请尝试完成以下实验。

**速查 31-3 答案**

1. goroutine 中的循环。
2. image 包。
3. for 语句和 select 语句。
4. 将通道放到方法调用后面。
5. 通道可以发送任何类型的值。

## 实验：positionworker.go

以代码清单 31-5 为基础，修改代码使得每次移动之间的间隔增加半秒。

## 实验：rover.go

以 RoverDriver 类型为基础，定义 Start 方法、Stop 方法及其对应的命令，然后修改代码使得探测器可以接受这两个新命令。

# 第 32 章　单元实验：寻找火星生命

## 32.1　可供活动的网格

请通过实现 MarsGrid 类型来创建一个能够让探测器在上面自由活动的网格，并通过互斥锁来保证多个 goroutine 在同时使用该网格时的安全性。这个网格看上去应该会是这个样子的：

```
// MarsGrid 网格用于表示火星的某些表面
// 它可能会被多个不同的 goroutine 并发使用
type MarsGrid struct {
    // 待完成
}

// Occupy 占据网格中给定坐标点上的单元格
// 它在单元格已经被占据或者坐标点不在网格范围内时返回 nil
// 否则它将返回一个值，该值可以用于将单元格移至网格的其他位置
func (g *MarsGrid) Occupy(p image.Point) *Occupier

// Occupier 用于表示网格中一个已被占据的单元格
// 它可能会被多个不同的 goroutine 并发使用
type Occupier struct {
    // 待完成
}

// MoveTo 会尝试将给定的 Occupier 移至网格中的其他单元格，然后报告移动是否成功
// 如果移动超出网格范围或者移动的目标单元格已被占据，那么移动将会失败
// 在移动失败的情况下，Occupier 将继续留在原来的单元格
func (g *Occupier) MoveTo(p image.Point) bool
```

现在，修改第 31 章中的探测器示例，使它放弃只更新本地存储的坐标，转而使用传递至 NewRoverDriver 函数的 MarsGrid 对象。当探测器到达网格边缘或者遇到障碍物的时候，它应该随机转向至某个方向，然后继续前进。

在完成修改之后，请通过调用 NewRoverDriver 启动一些探测器，并观察它们在网格上的活动情况。

## 32.2　报告发现

为了寻找火星上的生命，我们将向火星派遣一些探测器，并使它们在有所发现时进行汇报。请在网格的每个单元格中赋予一个 0～1000 的随机数作为生命值，用于表示单元格存在生命的可能性。当探测器在单元格里面发现了生命值大于 900 的疑似生命体时，它必须向地球回传一条无线电消息。

可惜的是，因为中继卫星并不总是位于地平线之上，所以探测器有时候将无法立即发送消息。为此，我们需要实现一个缓冲区 goroutine，它需要接收探测器发来的消息并把它们缓存在切片里面，直到消息能够被回传至地球为止。

请把地球实现成一个只能偶尔接收消息的 goroutine（在实际中，地球在一天中能够接收消息的时间只有几个小时，但你可以考虑稍微延长这个时间）。发送至地球的消息需要包含发现疑似生命体的单元格坐标和生命值本身。

此外，还可以为每台探测器设置一个名字，并在发送至地球的消息中包含这个名字，这样我们就可以知道消息来源于哪台探测器。与此同时，还可以把探测器的名字也包含在探测器打印的日志消息里面，这样我们就可以更容易地跟踪每台探测器的探测进度了。

现在，请启动探测器，让它们在火星上自由探测，看看会有什么发现！

# 结语：何去何从

本书到这里即将告一段落，但你的 Go 旅程才刚刚开始。我们希望你的脑海里面已经装满了有趣想法，并且已经迫不及待地想要继续学习和编程了。非常感谢你一路以来的陪伴。

## 未覆盖内容

Go 是一门相对小型的语言，你已经学习了它的大部分知识，但还有一些知识是本书没有涉及的。

- 没有介绍使用方便的 `iota` 标识符来声明连续的常量。
- 没有介绍移位操作符（`<<`和`>>`）和位运算操作符（`&`和`|`）。
- 第 3 章介绍了循环，但没有介绍关键字 `continue` 并且跳过了关键字 `goto` 和标签。
- 第 4 章介绍了作用域但没有说明遮蔽变量的具体规则。
- 第 6 章至第 8 章介绍了浮点数、整数和大数字，但没有介绍复数和虚数。
- 第 12 章介绍了关键字 `return`，但没有介绍*裸返回*（bare return）。
- 第 12 章介绍了空接口 `interface{}`，但只是浅尝即止。
- 第 13 章介绍了方法但没有介绍方法值。
- 第 28 章介绍了类型断言但没有介绍*类型判断*。
- 第 30 章没有介绍双向通道。
- 没有介绍执行初始化操作的 `init` 函数，它和 `main` 函数一样都是特殊函数。
- 没有详细地介绍每个内置函数，例如，分配内存并返回指针的 `new` 函数和复制切片的 `copy` 函数（详见 Go 官方标准库网站）。
- 没有演示通过编写新包来组织代码，也没有说明如何将自己的包分享给别人。

## 告别 Go Playground

如果你是第一次接触计算机编程，那么你应该会喜欢基于网页的 Go Playground，但它并不适用于实际的编程。

为了摆脱 Go Playground 的限制并构建属于我们自己的程序，你需要根据 Go 官方网站上面记载的方式安装 Go。启动终端或者命令提示符就像跳进时光机，它能够让你一下子体验到在 1995 年操作计算机并运行程序的感觉！

除此之外你还需要用到文本编辑器。本书作者使用的是 Sublime Text 和 Acme，但除这两个软件之外，很多其他编辑器都对 Go 提供了良好的支持（详见 Go 官方网站）。在这之后，你还会需要一个像 `git` 这样的版本控制工具，它是一台为代码和其他文件而设的时光机。

## 还有更多

Go 并不仅仅是一门编程语言，它还有非常丰富的工具和库组成的生态系统等着你发现。

无论你想要做的是自动化测试、调试、基准测试还是其他别的事情，标准库都有你所需的一切，并且那里还有很多包等着你去探索。如果标准库还不能满足你的需要，那么你可以到 Go 社区去看看，社区里的 gopher 们一直都在忙着制作第三方包以满足各式各样的需求。

Go 官方网站上面有很多在线资源可以帮助你继续学习 Go 语言的相关知识，也列举了不少适合 gopher 阅读的书籍，其中包括《Go 语言实战》（*Go in Practice*）、《Go Web 编程》（*Go Web Programming*）和《Go 语言实战》（*Go in Action*）。

学无止境，衷心希望你在探索 Go 语言的过程中能够找到乐趣，Go 社区的大家庭随时欢迎你加入！